博 士 论 丛

基于排队论的三值光学计算机性能分析与评价

Performance Analysis and Evaluation of
Ternary Optical Computer Based on Queuing Theory

王先超　王先传　张　杰　王哲河　侯大有　齐保峰　著

中国科学技术大学出版社

内 容 简 介

本书是一部基于排队论对三值光学计算机性能进行分析与评价的研究著作。全书分为8章,首先简述研究背景、研究意义和主要贡献;然后介绍随机过程相关概念,并详细介绍后面章节用到的几种排队模型;进而介绍三值光学计算机的基本原理和应用,包括降值设计理论和 MSD 无进位加法等;最后分别基于不同的排队系统对三值光学计算机进行分析与评价。本书内容深入浅出,说理清晰,论证严谨,注重系统性、先进性与实用性相结合,是一本具有学术价值和参考价值的著作。

本书可供高等理工科大学高年级本科生或研究生、教师和研究人员阅读;也可为计算机、交通、管理等领域的工程技术人员提供参考。

图书在版编目(CIP)数据

基于排队论的三值光学计算机性能分析与评价/王先超等著. —合肥:中国科学技术大学出版社,2023.12

ISBN 978-7-312-05827-1

Ⅰ. 基… Ⅱ. 王… Ⅲ. 光学计算机—性能分析 Ⅳ. TP381-34

中国国家版本馆 CIP 数据核字(2023)第 243254 号

基于排队论的三值光学计算机性能分析与评价

JIYU PAIDUILUN DE SAN ZHI GUANGXUE JISUANJI XINGNENG FENXI YU PINGJIA

出版	中国科学技术大学出版社
	安徽省合肥市金寨路 96 号,230026
	http://press.ustc.edu.cn
	https://zgkxjsdxcbs.tmall.com
印刷	合肥华苑印刷包装有限公司
发行	中国科学技术大学出版社
开本	710 mm×1000 mm　1/16
印张	9.25
插页	2
字数	200 千
版次	2023 年 12 月第 1 版
印次	2023 年 12 月第 1 次印刷
定价	40.00 元

前　言

如今，全球信息技术的迅猛发展已经深刻改变了人们的生活方式，而在这个数字化时代，计算机技术的快速发展也对算力和效率提出了更高要求。为了满足这些需求，光计算作为一种新型计算技术应运而生。三值光学计算机因其低功耗、处理器按位可分配、按位动态可重构等特点引起了广泛关注。

本书主要介绍三值光学计算机性能分析与评价，是一部在新型计算特别是光计算领域进行研究的重要著作。其内容涉及随机过程、排队模型、三值光学计算机及其性能分析与评价等方面，采用建模与模拟方法对三值光学计算机的性能进行建模和仿真，预测和评估不同配置和策略对其性能的影响。该书对于理解和探索三值光学计算机的相关问题具有重要的意义。

本书谋篇布局的依据是其由浅入深的逻辑流程。第 1 章是绪论，首先介绍本书研究背景和研究意义；解释对三值光学计算机性能分析与评价进行系统研究和探索的重要价值，并提出了本书的主要贡献；此外，还介绍了与本书相关课题，并概述了本书解决的关键问题。第 2 章是关于随机过程的简介，介绍随机过程的概念及其具体类型，如 Poisson 过程、Markov 过程等。这些内容将为后续章节的研究奠定方法论基础。第 3 章是关于排队模型的内容，介绍排队现象的建模方法和绩效评价指标，并以 M/M/1 排队系统、M/M/c 排队系统、成批到达的 M^X/M/1 排队系统、批服务的 M/M^K/1 排队系统以及串联排队系统和休假排队系统等为例进行详细介绍。这些内容将帮助读者理解和分析后续章节的研究内容。第 4 章是关于三值光学计算机的简介，重点阐述降值设计理论和 MSD 加法及其在三值光学计算机中的应用，以帮助读者更好地理解三值光学计算机的工作原理和任务管理系统。第 5~8 章分别基于不同排队系统并将其串联对三值光学计算机进行性能分析与评价。第 5 章和第 6 章分别基于经典 M/M/1 排队系统和复杂排队系统，以响应时间作为性能指标对三值光学计算机进行性能分析与评价；介绍性能分析与评价模型的建立，并通过模型仿真对系统性能进行分析。该部分内容将有助于读者了解三值光学计算机在不同排队系统下的性能表现和影响因素。第7章和第8章分别研究基于同步多重休假和异步多重休假的三值光学计算机性能分析与评价。重点阐释带休假的三值光学计算机模型的建立以及任务调度算法的设计，并通过模型仿真对三值光学计算机系统的性能进行评价。

本书汇集了众多专家学者的研究成果和经验，目的是为读者提供一个较为全面、深入的视角，帮助其更好地了解和应用光计算特别是三值光学计算机领域的知识。不仅如此，希望通过本书，读者不仅能够掌握相关知识和技能，还能够深入思考和探索新型计算和排队模型领域的相关问题。希望本书能够为相关研究者、从业人员以及对这一领域感兴趣的读者提供有益的参考和启示，促进新型计算的研究和发展并在光计算和排队模型的研究与应用中发挥积极的作用。

我们衷心感谢所有为本书作出贡献的专家学者和编辑团队，没有其辛勤工作和支持，本书的编写和出版将无法顺利完成。祝愿本书能够帮助相关领域的学者取得丰硕的科研成果，为相关领域的学术研究和实践工作作出积极的贡献！

最后，鉴于编写时间有限，本书难免有疏漏，敬请读者批评指正。

著者

2023 年 6 月

目　　录

第1章 绪 论

1.1 研究背景与研究意义

高性能计算一直是计算科学领域中具有挑战性的核心问题。电子计算机的发展为其起到举足轻重的作用,但面对日益复杂庞大的计算问题和摩尔定律的挑战,虽然已研究出许多网格计算和云计算平台,但也越来越难以满足快速高效的计算需求。近年来,在探索突破电子计算机的新型计算模式中,DNA 计算、光计算和量子计算异军突起。特别是光计算中的三值光学计算机(ternary optical computer, TOC),其处理器具有低碳性、巨位性、并行性、按位可分配性和动态按位可重构性等优点,已在解决无进位加法和向量矩阵乘法等数值计算领域凸显其强大潜力,因此备受科学界的广泛关注。

三值光学计算机的发展目前取得了可喜成绩:提出了降值设计理论,构建了三代硬件平台,提出了进位直达通道理论以解决加法进位延迟问题,实现了无进位加法和向量矩阵乘法;设计并实现任务管理系统模块结构,提出了相应的任务调度算法和处理器分配算法。三值光学计算机作为一种新型计算资源,可为用户提供高性能和安全性的服务。

但三值光学计算机任务管理系统的研究仍存在以下三个方面的明显不足:第一,对任务调度策略研究不足,现有调度策略的好坏缺乏相关理论依据,尚未系统全面地从系统性能角度开展深入研究;第二,对处理器分配策略研究也不足,现有处理器分配策略的好坏也缺乏相关理论依据,也尚未系统全面地从系统性能角度开展深入研究;第三,现有的系统分析设计方法在分析与评价三值光学计算机系统性能方面显得无能为力,亟需新的方法解决如何分析与评价系统性能问题。因此,我们需要从系统角度认识三值光学计算机任务管理系统,挖掘任务调度策略和处理器分配策略等因素对系统整体性能的影响规律。

排队论作为描述随机服务系统工作过程的有力工具,已广泛应用于解决通信、运输、库存、任务调度、资源分配等诸多领域问题,凸显了其强大生命力。基于此,本书将排队论融入三值光学计算机性能分析与评价的建模过程中,在兼顾准确性与计算效率的基础上,将已有研究成果(主要是任务调度策略和处理器分配策略)与排队论相结合,构建能真实描述其服务性能的数学模型,挖掘任务调度策略和处理器分配策略等因素对系统性能的影响规律,分析系统性能达到最优时的条件,从而分析与设计高效任务调度策略和处理器分配策略。本书将为三值光学计算机系统性能分析与评价、有效提高系统性能以及其他并行计算系统的性能评价奠定技术基础,具有重要的理论意义和工程应用价值。

为此,本书基于排队论研究光计算特别是三值光学计算机的服务性能,以确保提供更好的服务质量(quality of service,QoS)。以三值光学计算机性能为研究对象,采用建立数学模型、Matlab 数值模拟,以对三值光学计算机最新实验平台的性能进行深入研究,阐明任务调度策略与处理器分配策略等因素对其影响规律,揭示系统平均任务数、平均响应时间、光学处理器利用率等性能指标与运算量、任务到达时间间隔、数据传输速度、数据预处理速度和光学处理器速度等多因素之间的定量关系。然而,与常规并行计算平台相比,三值光学计算机因其光学处理器巨位性、动态按位可重构性、按位可分配性而产生的任务调度策略与处理器分配策略的新颖性、独特性以及排队系统的选择等,其性能评价更为复杂。

综上,任务调度策略、处理器分配策略及排队系统和性能评价指标等种类繁多,如何建立科学合理的数学模型来描述其服务过程与服务性能都存在较大难度。为实现这一目标,本书拟围绕如下关键科学问题进行深入、系统的研究:适合三值光学计算机的任务调度策略和处理器分配策略;三值光学计算机服务性能分析与评价的排队论建模与求解;三值光学计算机服务性能指标的定量表达与预测模型。

1.2　主 要 贡 献

为揭示不同任务调度策略和处理器分配策略等因素对三值光学计算机系统性能的影响规律,分析其原因,探求系统性能最优条件或系统瓶颈,为三值光学计算机硬件及其任务管理系统的深入研制奠定理论和技术基础,本书的研究成果有以下主要贡献:

第一,探求适合三值光学计算机的任务调度策略和处理器分配策略以及任务调度算法和处理器分配算法。为分析和评价三值光学计算机系统性能,必须先弄清哪些任务调度策略和处理器分配策略适合三值光学计算机。为此对如下内容进行了详细研究:

(1)运算请求立即调度策略、定时调度策略、先到先服务策略等调度策略的理论分析,并进一步探求适合三值光学计算机的任务调度策略和任务调度算法。

(2)光学处理器静态分配策略、动态分配策略、按行分配策略与按需分配策略的理论分析,并进一步探求适合三值光学计算机的处理器分配策略和处理器分配算法。

第二,建立基于不同排队模型的三值光学计算机服务性能分析与评价模型,并对其进行仿真求解。在深入研究任务调度策略和资源分配策略的基础上,构建基于排队论的三值光学计算机服务性能模型。为此对如下内容开展详细研究:

(1) 选用能真实反映请求到达间隔时间的分布和服务时间的分布,即排队系统。特别地,认真分析三值光学计算机的计算生态,选用能真实反映其计算生态的休假排队系统。

(2) 研究基于不同排队模型的系统性能建模方法,确立基于不同排队模型的性能分析与评价模型及其构建准则。

(3) 分析影响系统性能的诸因素,如调度策略、处理器分配策略、运算量、数据预处理速度、数据传输速度、光学处理器速度等,构建科学合理的基于排队论的三值光学计算机服务性能数学模型。

(4) 利用 Matlab 等数学软件完成上述模型的仿真与求解,并对仿真结果进行认真分析,以探求适合三值光学计算机并能提升其性能的任务调度策略和处理器分配策略。

第三,建立基于不同排队模型的三值光学计算机服务性能指标的定量表达与预测模型。在上述深入研究基于不同排队模型构建的服务性能分析与评价模型的基础上,构建系统性能指标的定量表达与预测模型。为此对如下内容进行系统研究:

(1) 挑选能反映三值光学计算机系统性能的评价指标如系统平均任务数、平均响应时间、资源利用率等。

(2) 基于 Matlab 平台对不同性能指标进行计算和分析,得到三值光学计算机性能指标的定量表达与预测模型。为三值光学计算机性能的定量表达与预测提供科学判据。

1.3　相关课题及引证关系

本书的研究课题主要源于如下一系列项目:

1. 国家自然科学基金面上项目:基于排队论的三值光学计算机性能分析与评价(No.61672006)

项目起止年月:2017 年 1 月—2020 年 12 月。主要研究任务调度策略、模型建立及三值光学计算机应用等。本书核心成果基本都是由该项目成果转化而来的。本书主要受该项目资助。

2. 安徽省高等学校自然科学研究重大项目:性能与能耗相权衡的三值光学计算机任务调度策略及其优化(No.2023AH040062)

项目起止年月:2023 年 6 月—2025 年 5 月。主要研究三值光学计算机任务调度和处理器分配策略,并建立性能与能耗相权衡数学模型。同时,本书受该项目部分资助。

3. 海南省自然科学基金面上项目:三值光学计算机底层任务动态管理策略研究(No.622MS084)

项目起止年月:2022 年 4 月—2025 年 3 月。主要研究三值光学计算机任务动态管理及其调度。同时,本书受该项目部分资助。

4. 安徽省高等学校自然科学研究重点项目:基于排队论的三值光学计算机任务调度研究(No.KJ2015A191)

项目起止年月:2015 年 7 月—2017 年 6 月。负责调度策略分析及算法设计与分析和模型仿真。本书核心成果的相当一部分是由该项目成果转化而来的。

5. 国家自然科学基金面上项目:三值光学计算机众多数据位的管理理论和关键技术(No.61073049)

项目起止年月:2011 年 1 月—2013 年 12 月。负责任务管理系统的分析与设计以及处理器资源分配策略与算法设计。

6. 高等学校博士学科点专项科研基金项目:三值光计算机监控系统及其理论研究(No.20093108110016)

项目起止年月:2010 年 1 月—2012 年 12 月。负责监控系统设计与分析并实现了其一个原型系统。

7. 安徽省高等学校自然科学研究重点项目:批量服务系统中战略性顾客行为研究和系统协调(No.KJ2019A0535)

项目起止年月:2019 年 7 月—2021 年 6 月。研究排队论及其在三值光学计算机分析与评价中的应用。本书吸收了该项目的部分成果并将其应用于三值光学计算机性能分析与评价。

8. 安徽省高等学校自然科学研究重大项目:几类复杂排队系统的性能分析和经济决策分析(No.KJ2014ZD21)

项目起止年月:2014 年 1 月—2016 年 12 月。本书吸收了该项目的部分成果,并将其应用于分析和评价三值光学计算机性能。

9. 安徽省高等学校自然科学研究重点项目:重试排队系统的经济博弈策略分析(No.KJ2017A340)

项目起止年月:2017 年 1 月—2019 年 12 月。主要研究重试排队系统在经济博弈策略中的应用,并将其部分成果应用于三值光学计算机性能分析与评价。

10. 安徽省高校自然科学研究重点项目:知识驱动的突发事件知识图谱构建及应用(No.2022AH051311)

项目起止年月:2022 年 12 月—2024 年 11 月。主要研究突发事件知识图谱模型建立、知识表示及抽取等以及如何基于三值光学计算机平台进行知识图谱研究。同时,本书受该项目部分资助。

11. 安徽省哲学社会科学规划青年项目:人工智能背景下基于学生画像的精准思想政治教育研究(No. AHSKQ2021D47)

项目起止年月:2021 年 11 月—2024 年 10 月。主要研究画像模型建立、数据清洗和挖掘等。同时,本书受该项目部分资助。

12. 安徽省高校优秀青年骨干教师国内访问研修项目:突发事件知识图谱融合与应用(No. gxgnfx2022031)

项目起止年月:2022 年 7 月—2023 年 6 月。主要研究突发事件知识图谱中事件知识的表示、事件相似度计算和知识图谱融合等。同时,本书受该项目部分资助。

13. 安徽省质量工程项目

安徽省重大教学改革项目:新工科背景下高师类本科院校学生可持续竞争力的培养与提升——以我校计算机科学与技术专业为例(No. 2018jyxm0507),项目起止年月:2018 年 12 月—2020 年 11 月;安徽省双创学院项目:阜阳师范大学华为开发者创新学院(No. 2021scxy016),项目起止年月:2022 年 4 月—2024 年 3 月;安徽省一般教学改革项目:新工科驱动的大数据人才培养探索与实践(No. 2020jyxm1384),项目起止年月:2020 年 12 月—2022 年 11 月;面向一流专业建设的分析类课程教学改革创新研究,(No. 2021jyxm1099),项目起止年月:2022 年 4 月—2024 年 4 月;安徽省线上线下混合式和社会实践课程:软件测试与软件质量管理实践(No. 2020xsxxkc327),项目起止年月:2020 年 12 月—2022 年 11 月。本书核心成果以这些质量工程项目为依托,将学科前沿知识应用到这些质量工程项目相关课程的教育教学实践。

14. 阜阳师范大学校级质量工程项目

阜阳师范大学教学团队项目:算法设计与分析类课程教学团队(No. 2022JXTD0003);阜阳师范大学实践育人专项:以工程教育专业认证为抓手,以课程思政为引领,促新工科人才培养质量跨越式提升——以我校计算机科学与技术专业改革实践为例(No. 2021SJYRZX07);阜阳师范大学教学研究项目(课程思政专项):思政引领的算法设计与分析课程探索与实践(No. 2021JYXMSZ04)。本书核心成果同时也以这三个校级质量工程项目为依托,并将学科前沿知识应用到教育教学实践过程之中。

15. 阜阳师范大学科研项目

阜阳市政府-阜阳师范学院横向合作项目(科研团队)项目:大数据与智能计算创新团队(No. XDHXTD201703)与随机服务系统运作及大数据统计分析(XDHXTD201709),项目起止年月:2018 年 6 月—2021 年 6 月;阜阳师范大学青年人才重点项目:通信网络拥塞控制问题的随机建模与博弈分析(No. rcxm202108),

项目起止年月：2021年9月—2023年9月；阜阳师范大学自然科学研究重点项目：不对称信息下再制造产品供应链建模与优化（No.2022FSKJ04ZD）。本书在这两个科研团队项目和青年人才项目部分资助下，将理论研究成果应用于实践，尤其是将三值光学计算机应用于大数据、智能计算领域，并将排队论应用于三值光学计算机性能分析与评价。

1.4　解决的关键问题

本书在基于排队论进行三值光学计算机性能分析与评价的基础上，致力于提高其服务质量和提升服务性能。为此，主要研究如下几个方面的关键问题：

1. 任务调度策略和处理器分配策略研究与确立

显然，任务调度策略和处理器分配策略在很大程度上影响系统性能。对于任务调度策略，先对先到先服务策略、优先级调度策略、结束时调度策略、定时调度策略进行分析与研究，再将其单独或与休假策略相结合作为三值光学计算机任务管理系统所采用的任务调度策略。对于处理器分配策略，先对静态按需分配策略、动态按需分配策略、按比例分配策略、均分策略等策略进行深入研究，再将其单独或相结合作为三值光学计算机任务管理系统所采用的光学处理器分配策略。

2. 基于排队系统的三值光学计算机服务性能评价数学模型的建立

三值光学计算机服务性能受任务调度策略、处理器分配策略以及运算量、数据预处理速度、光学处理器速度、处理器分配与重构时间等因素影响而非常复杂，难以完全精确和完整地用数学公式表达。因此，如何建立既能准确而真实反映三值光学计算机平台的实际情况，又适宜于数值求解的三值光学计算机服务性能数学模型成为本书需要解决的另一个关键问题。

为此，本书主要考虑不同任务调度策略和处理器分配策略下，基于排队系统的三值光学计算机性能指标定量表达问题。为此，首先应确定能刻画三值光学计算机服务的排队模型和能反映三值光学计算机性能的主要性能指标，以建立三值光学计算机服务模型和各性能指标的数学模型。本书拟采用的排队模型包括 $M/M/1$、$M/M/m$、批到达与批服务排队模型、串行排队模型以及休假排队模型等。所选用的主要性能指标包括平均响应时间、平均任务数以及光学处理器利用率等。

下面以排队系统、调度策略和处理器分配策略分别采用 $M/M/1$ 排队系统、先到先服务策略与结束时调度策略相结合、按需分配策略进行建模，以系统平均响应时间为性能指标为例来说明建立数学模型的过程。对运算请求作一个基本假设：运算请求到达时间间隔和服务时间均服从指数分布；对三值光学计算机作一个假设：系统中只有一个服务器（Server）用于接收用户的运算请求，并将三值光学计算机光学处理器视为一个服务台。绘制任务状态或概率转换图及任务在各阶段的排队模型,将各阶段排队系统相串联构成复杂排队系统,从而得到系统平均响应时间的计算公式,即性能评价数学模型。类似地,可以采用其他排队系统建立三值光学计算机性能评价模型,获得相应的系统评价指标。

3. 基于排队论的三值光学计算机性能分析与评价模型数值求解

用 Matlab 软件作为系统数值仿真平台。在既定的排队系统、任务调度策略和处理器分配策略情况下,本书拟主要考虑以下 7 种影响三值光学计算机系统性能的关键因素对三值光学计算机性能的影响,即用这些因素对系统性能进行仿真和数值求解。

(1) 任务到达平均速率或平均时间间隔。即单位时间内到达的平均任务数或各任务到达的平均时间间隔。

(2) 平均运算量。虽然已基于修正符号数字系统（modified signed-digit,MSD）在三值光学计算机平台上实现了各算术运算,但这些运算都是基于二元三值逻辑运算实现的。为此,本书所指运算量即为以 ASCII 码表示的二元三值逻辑运算的位数。

(3) 数据传输速度。主要考虑用户将运算请求提交到 Server 时的网络传输速度和将运算请求发送至三值光学计算机的数据传输速度。

(4) 数据预处理速度。在本书后面各章节描述的四阶段服务模型中都包含数据预处理模块,即将用户提交运算请求中以通信内码表示的数据用电子计算机转换为控制内码表示的数据。因此,数据预处理速度即电子计算机的处理速度。

(5) 光学处理器速度和位数。虽然 SD16（SD 为上海大学简称的拼音首字母,16 代表 2016 年)的处理器速度和位数已定,但考虑到光学处理器的可扩展性和实现对三值光学计算机性能的预测,将采用不同的速度和位数对三值光学计算机性能进行仿真。

(6) 小光学处理器数。因为三值光学计算机具有巨位性,为更好地使用它,将其数据位资源均分成多个小光学处理器以供用户使用,将是一个不错的选择。为此,我们考虑在光学处理器均分策略下,被均分成的小光学处理器数对系统性能的影响。

(7) 休假率。为更精准地刻画三值光学计算机计算生态,在使用串行排队的同时拟引入休假排队系统对三值光学计算机服务进行建模。对休假排队而言,休假率是影响其性能的一个重要因素,为此,在引入休假排队系统的模型中本书拟考虑休假率对三值光学计算机性能的影响。

4. 不同因素和模型对三值光学计算机性能影响的比较与分析

(1) 不同影响因素对三值光学计算机性能的比较与分析。对关键问题 3 中所得数值计算结果进行比较和分析,对三值光学计算机性能影响,以揭示任务到达率、被均分成小光学处理器数以及休假率等诸因素对系统性能的影响规律,同时探寻能够使其性能达到最优的条件。

（2）不同模型对三值光学计算机性能的比较与分析。对比不同服务模型特别是带休假的服务模型，即重点考虑如下三值光学计算机服务模型对其性能数值仿真结果，并对其进行详尽分析，以探寻能真正反映三值光学计算机计算生态的服务模型并提升其性能：

① 异步休假三阶段三值光学计算机服务模型；
② 同步休假四阶段三值光学计算机服务模型；
③ 异步休假四阶段三值光学计算机服务模型。

1.5 后续章节的重点内容

本章前几节对三值光学计算机性能分析与评价的研究背景与意义、主要贡献、相关课题及引证关系、解决的关键问题进行了较为简洁的论述。虽然三值光学计算机的研究和应用前景广阔，但仍存在许多亟待解决的问题。为此，本书内容将聚焦三值光学计算机的性能分析与评价。在全面分析和介绍随机过程、排队系统以及三值光学计算机任务调度策略和处理器分配策略的基础上，构建三值光学计算机服务模型，力争使读者对基于排队论的并行计算特别是三值光学计算机的性能分析与评价有一个整体、全面的认识，对性能分析与评价有更加深入、透彻的理解和掌握。

三值光学计算机的性能分析与评价不仅是性能分析与评价领域更是光计算领域的一项重要研究。为此，本书基于不同排队系统所提供的框架研究三值光学计算机的性能。因此，本书后续章节重点介绍的内容如下：

第2章重点介绍两种重要的随机过程——Poisson 过程和 Markov 过程，以及离散时间 Markov 链和连续时间 Markov 链。

第3章首先介绍如何对排队现象建模以及排队系统的性能指标等；而后重点对后面分析和评价三值光学计算机性能所需的 M/M/1 排队系统、M/M/c 排队系统、成批到达的 M^x/M/1 排队系统、批服务的 M/M^K/1 排队系统、串联排队系统和休假排队系统进行重点探讨。

第4章首先简要介绍光计算和三值光学计算机；而后重点探讨降值设计理论和基于 MSD 数的无进位加法；最后介绍三值光学计算机任务管理系统和三值光学计算机在数值计算方面的应用。

第5～8章将由浅入深、循序渐进地探讨如何基于不同排队系统对三值光学计算机服务进行建模并建立相关性能指标的数学模型以对其性能进行分析和评价。

第5章基于最简单的排队模型——M/M/1 排队系统——对三值光学性能分

析与评价。为此,首先建立基于 M/M/1 排队系统和串行排队系统的三值光学计算机服务模型;而后建立系统平均响应时间的数学模型并对模型进行仿真,分析运算请求到达率、网络传输速度、数据预处理速度等因素对三值光学计算机性能的影响。

第 6 章将首先提出处理器均分策略及该策略下的立即调度策略与算法和完成时调度策略与算法;而后建立基于复杂排队系统的三值光学计算机服务模型,以系统平均响应时间为性能指标建立其数学模型;最后对模型进行仿真,分析不同调度策略对三值光学计算机性能的影响,揭示其影响规律。

第 7 章介绍基于同步多重休假的三值光学计算机性能分析与评价。为此,首先建立带同步休假的三值光学计算机四阶段服务模型,并提出带同步休假的任务调度算法;而后选择系统平均响应时间、系统平均任务数、光学处理器休假率和利用率为性能指标,基于同步多重休假排队建立其数学模型;最后,同样对模型进行仿真,分析均分后小光学处理器数量、休假率等因素对三值光学计算机性能的影响,揭示其影响规律。

第 8 章介绍基于异步多重休假的三值光学计算机性能分析与评价。为此,首先为进一步提升三值光学计算机性能,建立带异步休假的三阶段服务模型,并提出带异步休假的任务调度算法;而后同第 7 章一样选择系统平均响应时间、系统平均任务数、光学处理器休假率和利用率为性能指标,基于异步多重休假排队建立其数学模型;最后,同样对模型进行仿真,分析均分后小光学处理器数量、休假率和允许休假的小光学处理器数等因素对三值光学计算机性能的影响,揭示其对系统性能的影响规律,并对不同休假模型下的系统性能进行比较。

本 章 小 结

本章介绍了三值光学计算机性能分析与评价的研究背景及其意义、主要贡献、相关课题的引证关系、解决的关键问题以及本书后续章节的重点内容等。研究背景与意义部分的主要目的是使读者对三值光学计算机以及基于排队论对其性能分析与评价有一个较为整体和全面的认识。对其他内容如主要贡献、解决的关键问题以及后续章节的重点内容的简要概述,将使读者在深入阅读后续章节内容之前,对本书将要重点探讨的内容有整体的了解和把握。

第 2 章　随机过程简介

2.1　随　机　过　程

当事物的变化过程很难用一个随机变量（或多个随机变量）来描述时，可以用一簇依赖于时间的无限多个随机变量进行描述，这样，对事物的变化过程进行一次观察后就可以得到一个关于时间的函数。然而，对同一事物变化的整个过程进行多次重复独立观察后所得到的结果各不相同，而且的每次观察也不能预知其试验结果，这样的过程就是随机过程。

因此，随机过程是经验过程的数学抽象，其发展受概率规律支配。从概率论的角度来看，随机过程可定义为一组定义在某个索引集或参数空间 T 上的随机变量 $\{X(t), t \in T\}$。集合 T 通常也称为时间范围，$X(t)$ 表示过程在 t 时刻的状态。例如，随机无限次抛硬币，以 $\{X(n), n \in \mathbf{N}\}$ 表示抛硬币的结果，则 $\{X(n), n \in \mathbf{N}\}$ 表示一个随机过程。

根据参数空间 T（离散集和连续集）和状态空间（离散和连续）取值，可把随机过程分为四类：① 离散参数离散状态的随机过程；② 离散参数连续状态的随机过程；③ 连续参数离散状态的随机过程；④ 连续参数连续状态的随机过程。

2.2　Poisson 过程

最常见的随机排队模型假设到达间隔时间和服务时间服从指数分布，也即到达率和服务率服从泊松（Poisson）分布。因此，Poisson 过程不但是经典的随机过程，而且在排队现象的建模和求解中有着重要的地位。

考虑一个到达计数过程 $\{N(t), t \geqslant 0\}$，其中 $N(t)$ 表示到时间 t 的到达总数，且 $N(0) = 0$，它满足以下 3 个假设：

（1）发生在 t 和 $t + \Delta t$ 间的到达概率等于 $\lambda \Delta t + o(\Delta t)$。记为 $P\{$发生在 t 和 $t + \Delta t$ 间的到达$\} = \lambda \Delta t + o(\Delta t)$，$\lambda$ 是与 $N(t)$ 无关的常数，Δt 是 t 的增量，$o(\Delta t)$ 表示 Δt 的高阶无穷小。

（2）$P\{$在 t 和 $t + \Delta t$ 间的到达次数大于 $1\} = o(\Delta t)$。

（3）非重叠区间的到达次数在统计上是独立的，即该过程具有独立的增量。

令 $p_n(t)$ 表示在长度为 t 的时间间隔内有 n 次到达的概率，$n \in \mathbf{N}$。利用微分方程可求得（详细过程请参考文献[1]）：

$$p_n(t) = \frac{(\lambda t)^n}{n!} \mathrm{e}^{-\lambda t}$$

这就是均值为 λt 的著名的 Poisson 概率分布公式。这表明假设某个时间间隔内的出现次数为 Poisson 随机变量等价于假设连续出现的时间间隔为指数分布随机变量。关于 Poisson 过程有如下两个重要定理[2]：

定理 2.1　强度为 λ 的 Poisson 过程的点间间距是相互独立的随机变量，且服从同一负指数分布。

定理 2.2　如果任意相继出现了两个质点的点间间距相互独立且服从同一负指数分布，则质点流构成强度为 λ 的 Poisson 过程。

因此，要判断一个计数过程是不是 Poisson 过程，只要统计检验其点间间距是否独立且是否服从同一负指数分布即可。

2.3　Markov 过程

对离散参数随机过程 $\{X(t), t = 0, 1, 2, \cdots\}$ 或连续参数随机过程 $\{X(t), t \geq 0\}$，其索引集或时间范围内 n 个时间点 $t_1 < t_2 < \cdots < t_n$ 的条件分布为 $X(t_1)$，$X(t_2), X(t_3), \cdots, X(t_{n-1}), X(t_n)$。如果每一个 $X(t_i)$ $(1 < i \leq n)$ 仅取决于前一个值 $X(t_{i-1})$，则称其为马尔可夫（Markov）过程。更准确地说，对任意实数 $x_1, x_2, \cdots, x_n$，有

$$P\{X(t_n) \leq x_n \mid X(t_1) = x_1, \cdots, X(t_{n-1}) = x_{n-1}\}$$
$$= P\{X(t_n) \leq x_n \mid X(t_{n-1}) = x_{n-1}\}$$

鉴于"当前"条件，"未来"与"过去"无关，因此 Markov 过程是"无记忆的"。根据过程索引集的性质即离散参数和连续参数，以及过程状态空间的离散和连续性质，可将 Markov 过程分为 4 类，如表 2.1 所示。

表 2.1　Markov 过程分类

状态空间	时间类型	
	离散的	连续的
离散的	离散时间 Markov 链	连续时间 Markov 链
连续的	离散时间 Markov 过程	连续时间 Markov 过程

如果 T 中存在时间点 t 使得对 $\forall h > 0$ 都有 $P\{x - h < X(t) < x + h\} > 0$,则称实数 x 是随机过程 $\{X(t), t \in T\}$ 的状态。随机过程可能状态的集合构成了其状态空间。如果状态空间是离散的,则 Markov 过程通常被称为 Markov 链。如果状态空间是有限的,则 Markov 链是有限的;否则它是一个可数的或无限的 Markov 链。当 Markov 过程具有连续状态空间和离散参数空间时,称其为离散参数 Markov 过程。如果状态空间和参数空间都是连续的,则称为连续参数 Markov 过程。

n 时刻 Markov 链处于状态 i,经 k 步系统处于状态 j 的概率被称为 Markov 链 n 时刻的 k 步转移概率,记为

$$p_{ij}^{(k)}(n) = p_{ij}(n, n + k) = p\{X(n + k) = j \mid X(n) = i\}$$

转移概率具有 $\sum_{i=1}^{\infty} P_{ij}(n, n + k) = 1, i = 1, 2, \cdots$。由 k 步转移概率组成的矩阵 $\boldsymbol{P}(n, n + k) \triangle (P_{ij}(n, n + k))$ 称为 Markov 链的 k 步转移概率矩阵。

对于 Markov 链,如果 $p_{ij}^{(k)}(n)$ 满足

$$p_{ij}^{(k)}(n) = p\{X(k) = j \mid X(0) = i\} = p_{ij}^{(k)}$$

即从 i 状态转到 j 状态的概率和时刻 n 无关,就称该 Markov 链为时齐 Markov 链,或齐次 Markov 链,有时也说它是具有平稳转移概率的 Markov 链。通常考虑状态空间有限的齐次 Markov 链。

Markov 链非常强大,被广泛应用于计算机科学、统计学、物理学、生物学、运筹学和商业领域的问题建模,广泛应用于机器学习、计算机科学理论以及计算机系统建模的所有领域,如网络协议、内存管理协议、服务器性能、容量供应、磁盘协议等的分析。Markov 链在运筹学中也很常见,包括供应链管理和库存管理。

2.4　离散时间 Markov 链

下面从离散时间 Markov 链(discrete-time Markov chains,DTMC)开始深入探讨 Markov 链。在 DTMC 中,世界被分解成同步的时间步长。事件(到达或离开)只能在时间步长结束时发生。此性质使 DTMC 对计算机系统建模有点奇怪。

但是,DTMC 还可以很好地对许多其他问题建模。在连续时间 Markov 链(continuous-time Markov chains,CTMC)中,事件可以随时发生。这使得 CTMC 便于系统建模。

定义 2.1　离散时间 Markov 链(DTMC)是一个随机过程 $\{X_n, n = 0, 1, 2, \cdots\}$,其中 X_n 表示在离散时间步长 n 处的状态。因此,对 $\forall n \geqslant 0$,$\forall i, j$ 和 $\forall i_0, \cdots, i_{n-1}$,有

$$P\{X_{n+1} = j \mid X_n = i, X_{n-1} = i_{n-1}, \cdots, X_0 = i_0\} = P\{X_{n+1} = j \mid X_n = i\}$$
$$= P_{ij} \quad (\text{平稳性})$$

其中 P_{ij} 与时间步长和过去历史无关。

定义 2.1 中的第一个等式表示 Markov 性的应用。所谓 Markov 性是指给定过去状态 $X_0, X_1, \cdots, X_{n-1}$ 和当前状态 X_n,任何未来状态 X_{n+1} 的条件分布独立于过去的状态并且仅依赖于当前状态 X_n。

定义 2.1 中的第二个等式来自"平稳"属性,它表明转移概率与时间无关。与 DTMC 相关的转移概率矩阵是一个矩阵 P,其第 (i, j) 个元素 P_{ij} 表示假设当前状态为 i,在下一次转移时移动到状态 j 的概率。

下面给出一个例子以解释 Markov 链的一些重要概念。

【机器维修问题】　一台机器正在工作或在维修。如果它今天工作,那么它明天有 90% 的机会工作。如果它今天在维修,那么它明天有 40% 的机会工作。问题:如何描述机器维修问题的 DTMC?

机器有"工作"(W)和"损坏"(B)两种状态,其中"损坏"表示机器正在维修中。其状态转移概率矩阵如下:

$$P = \begin{matrix} & \begin{matrix} \text{W} & \quad \text{B} \end{matrix} \\ \begin{matrix} \text{W} \\ \text{B} \end{matrix} & \begin{bmatrix} 0.90 & 0.10 \\ 0.40 & 0.60 \end{bmatrix} \end{matrix}$$

由上述机器维修问题构造的 Markov 链状态转移图如图 2.1 所示。

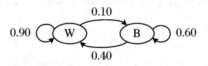

图 2.1　机器维修问题构造的 Markov 链状态转移图

定义 2.2　如果概率分布 $\pi = (\pi_0, \pi_1, \cdots, \pi_{m-1})$ 满足 $\pi \cdot P = \pi$ 且 $\sum_{i=0}^{m-1} \pi_i = 1$,则 π 被称为对 Markov 链是**平稳**的。这些方程称为**平稳方程**。

人们经常对 DTMC 在很长一段时间后的行为感兴趣,特别是对其行为是否在概率上"稳定"感兴趣。下面讨论与长期行为有关的两个相关概念,即极限分布和平稳分布。

定理 2.3 将极限分布与有限状态 DTMC 的平稳分布联系起来。具体来说,该定理表明,对于有限状态的 DTMC 其平稳分布是唯一的,并且表示处于每个状态的极限概率(假设这些极限概率存在)。

定理 2.3(平稳分布 = 极限分布) 给定具有 m 个状态的 DTMC,令 $\pi_j = \lim\limits_{n \to \infty} P_{ij}^n > 0$ 表示处于状态 j 的极限概率,并且令 $\boldsymbol{\pi} = (\pi_0, \pi_1, \cdots, \pi_{m-1})$ 为极限分布,其中 $\sum\limits_{i=0}^{m-1} \pi_i = 1$。假设存在极限分布 $\boldsymbol{\pi}$,那么 $\boldsymbol{\pi}$ 也是一个平稳分布,不存在其他平稳分布。

该定理的证明,请参阅文献[2]。

定义 2.3 如果初始状态是根据稳态概率选择的,则存在极限概率的 Markov 链称为**稳态**。

对图 2.1 所示有限状态 Markov 链,考虑计算维护机器的费用。假设机器维修每天要花 200 元,则年度维修费用是多少?

首先,求解该链的极限分布 $\boldsymbol{\pi} = (\pi_W, \pi_B)$。由其平稳方程

$$\boldsymbol{\pi} \cdot \boldsymbol{P} = \boldsymbol{\pi}$$

其中

$$\boldsymbol{P} = \begin{pmatrix} 0.90 & 0.10 \\ 0.40 & 0.60 \end{pmatrix}, \quad \pi_W + \pi_B = 1$$

可得

$$\pi_W = 0.9\pi_W + 0.4\pi_B$$
$$\pi_B = 0.1\pi_W + 0.6\pi_B$$
$$\pi_W + \pi_B = 1$$

解得 $\pi_W = \dfrac{4}{5}$,$\pi_B = \dfrac{1}{5}$。

根据定理 2.3,其平稳分布就是其极限概率分布。因此,机器平均每 5 天坏 1 台。预计每日平均维修费为 $\dfrac{1}{5} \times 200 = 40$ 元,则年度维修费用为 $40 \times 365 = 14600$ 元。

2.5 连续时间 Markov 链

对 DTMC,有如下三个属性:

(1) 转换总是在离散的时间步长进行,$n = 0, 1, 2, \cdots$。

(2) 过去并不重要,只有现状才重要。特别是,不管 Markov 链在状态 i 中停留了多长时间。这是 Markov 性。

（3）转移概率是"平稳的"，这意味着它们独立于时间步长 n。

连续时间 Markov 链（CTMC）是 DTMC 的连续时间类似物。即保留了 DTMC 的属性（2）和属性（3），将属性（1）替换为"状态间的转换可以随时发生"。

定义 2.4　连续时间 Markov 链（CTMC）是一个连续时间随机过程 $\{X(t),\ t\geqslant 0\}$，对 $\forall s,t\geqslant 0$ 和 $\forall i,j,x(u)$，有

$$P\{X(t+s)=j\mid X(s)=i,X(u)=x(u),0\leqslant u\leqslant s\}$$
$$=P\{X(t+s)=j\mid X(s)=i\} \quad\text{（Markov 性）}$$
$$=P\{X(t)=j\mid X(0)=i\}=P_{ij}(t)\quad\text{（平稳性）}$$

假设 CTMC 当前处于状态 i，记其离开状态 i 之前的时间为 τ_i。由 CTMC 的 Markov 性和平稳性，在接下来 t 时间内离开状态 i 的概率与 CTMC 已经处于状态 i 的时间无关。即

$$P\{\tau_i>t+s\mid\tau_i>s\}=P\{\tau_i>t\}$$

上式表明 τ_i 是无记忆的，意味着 τ_i 呈指数分布。因此，可以定义一个 CTMC 如下：

定义 2.5　CTMC 是一个每次进入状态 i 时保持以下情况不变的随机过程。

（1）在进行转换之前，该过程在状态 i 中花费的时间以速率 v_i 呈指数分布。

（2）当该过程离开状态 i 时，以概率 p_{ij} 进入状态 j，与在状态 i 花费的时间无关。

考察 p_{ij}，由平稳性知，它独立于时间 t。根据 Markov 性，它与在状态 i 中花费的时间 τ_i 无关。

将图 2.2(a) 所示的单服务台建模为一个 CTMC，可得其等效的状态转移图如图 2.2(b) 所示，这里的状态是指系统中作业数量。

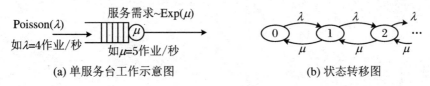

(a) 单服务台工作示意图　　　　　　(b) 状态转移图

图 2.2　单服务台

相关说明：

（1）λ 和 μ 不是概率，而是分别表示到达率和服务率。

（2）事件能够改变状态。假设处于状态 i，其中 $i\geqslant 1$，下一个事件可以是到达或离开。

（3）令 X_A 和 X_D 分别表示下一次到达和离开的时间，有 $X_A\sim\text{Exp}(\lambda)$ 和 $X_D\sim\text{Exp}(\mu)$，且 X_A 和 X_D 是相互独立的。

关于 CTMC 的平稳分布求解方法主要是将其转换至 DTMC 进行求解，请参阅文献[2]。

本 章 小 结

本章主要介绍了随机过程的定义及其分类,并重点讨论了两个经典的随机过程——Poisson 过程和 Markov 过程,以及离散时间 Markov 链和连续时间 Markov 链。下一章,我们将重点探讨相关排队模型。

第 3 章　排 队 模 型

日常生活中排队构成了令我们讨厌但不可或缺的部分,特别是当存在对有限资源的竞争时,就经常会发生这种情况。例如,我们在食堂窗口打饭、到医院看病和超市收银台前付款时经常都会遇到排队现象。此外,去加油站排队加油会排队、到银行办理业务会排队、到核酸检测点进行核酸检测会排队,等等。这些排队都是能看到的。而另一些排队现象则不那么明显,如计算机网络和移动网络等数据通信中数据包的发送和接收在等待 CPU 处理过程中也会出现排队现象。总之,排队现象在自然界中是普遍存在的。

事实上,在任何服务系统中需要服务的“顾客”到达服务设施并对资源提出服务需求,只要提供服务的资源有限,且“顾客”的到达和服务需求具有随机特性,一般都会产生排队现象。因为资源有限意味着它们没有无限,也不能无限快速地工作。此外,“顾客”对资源提出的要求在到达时间上和服务时间上都是不可预测的。因此,有限的资源和不可预测的需求意味着资源的使用存在冲突,进而导致“顾客”排队等待服务。

排队系统(queueing system)也称随机服务系统(stochastic service system),对其研究具有极其重要的意义。例如,对某个检测点核酸检测的排队问题,一方面,当检测人员比较少且待检测人员即“顾客”比较多时,“顾客”排成的队伍较长,将花较多的时间在排队等候上,从而导致“顾客”满意度下降,致使个别待检测人员不愿参与检测,可能会造成疫情难以控制的局面。另一方面,当检测人员较多时,“顾客”排成的队伍较短,等候时间较少,满意度上升了,然而将支付较多的一次性防护服以及其他管理费用。因此,对相关管理层而言,选派多少名检测人员在确保一定满意度的前提下使得一次核酸检测所支付的总费用最小是非常值得研究的问题。

排队论(queueing theory)作为随机运筹学与应用概率论中的重要分支学科,是指对排队问题进行研究的一种理论,经历了一百多年的发展历程,确立了成熟的理论体系,其研究成果已广泛应用于解决军事、运输、生产、服务、库存等领域的问题,凸显了其强大的生命力。本章介绍排队论的基础知识以及几种排队模型。

3.1 排队现象建模

3.1.1 排队系统的基本构成

尽管各类排队系统在形式和内容上各不相同,但都可将其抽象成图 3.1 所示的三个基本的组成部分:到达过程(也称顾客到达)、在队列中排队(也称排队规则)和服务员服务(也称服务规则)。

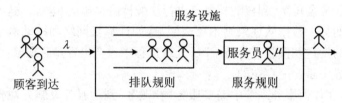

图 3.1 经典排队系统模型示意图

到达过程是指顾客按什么规律进入排队系统,可以一个一个地或成批地到达。到达过程和到达时间间隔符合一定的概率分布。通常假设顾客到达时间间隔为独立同分布的随机变量,且到达过程服从参数为 λ 的平稳 Poisson 分布。

顾客进入系统后的排队和服务规则一般分为损失制、等待制以及混合制三种类型。当顾客到达系统时发现服务员均被占用就离去,并在其他地方寻求服务,被称为损失制(无排队队列)。当顾客到达系统时发现服务员均被占用,并进入系统进行排队等待服务,被称为等待制,其排队方式有如下几种:

先到先服务(first come, first served, FCFS):在此规则下,顾客按照到达的先后顺序接受服务。例如在超市购物、核酸检测等服务系统中一般都采用此服务规则。

后到先服务(last come, first served, LCFS):在此规则下,服务员服务完一位顾客后,将为最新到达的顾客提供服务。例如,在仓库中后进入仓库的物品需要先出仓。

随机服务(service in random order, SIRO):当服务员为一位顾客服务完毕后,将从等待服务的队列中随机挑选一位顾客进行服务。例如摇号抽奖。

处理器共享(processor sharing, PS):在此规则下,所有顾客共享服务员的服务。例如,CPU 同时处理多个任务是处理器共享的典型例子;又如某饭店为其顾客同时提供服务。

优先权服务:根据优先级的高低,顾客会被分成多个不同的类型。服务员按照顾客的优先级由高到低进行服务。它又分为抢占式服务和非抢占式服务。

通常,服务系统为顾客准备了有限等待空间。当顾客到达时,如果等待空间未满,则进入系统接受或等待服务;否则离开系统,此即混合制排队系统。

3.1.2 排队系统的分类与表示

不同排队现象所处的环境及研究的问题各不相同,其结构、排队与服务规则也有很大差异,不可能将其抽象成一个统一的模型来加以研究。因此,只能根据各类排队系统的特征将其分类后再加以研究。不同排队系统通常由如下特征来刻画:

① 顾客的到达过程;

② 服务时间;

③ 服务员数量;

④ 系统容量,即允许进入的最大顾客数;

⑤ 顾客数量,即对服务有需求的潜在顾客数量;

⑥ 服务规则。

于是人们就可以根据这些特征来划分排队模型。目前,通用的是 1953 年英国数学家 D. G. Kendall 提出的"Kendall 符号"来表征排队系统。它由 A/B/C/X/Y/Z 给出,其中,A 表示到达间隔时间分布;B 表示服务时间分布;C 表示服务员数量;X 表示系统容量,默认为无穷;Y 表示顾客数量,默认为无穷;Z 表示服务规则,默认值是 FCFS。对于 A 和 B 一些可能的符号是 M、E_k、G(或 GI),分别表示 Poisson 分布、k 阶 Erlang 分布、一般的到达过程。服务员数量 C 通常取为 1。始终提供前三个参数。例如,M/M/1 排队系统意味着到达过程和服务过程都是 Markovian(即通常说到达过程是泊松的,服务时间为独立同负指数分布的)并且只有一个服务员。省略了指定系统容量、客户数量和调度规则的字母,因为它们均取默认值。因此,M/M/1 排队系统具有无限的空间来容纳等待的客户以及无限的顾客并应用 FCFS 调度策略。它是一个最简单的排队系统。再如,以某银行的 6 服务窗口办理业务为例。因为办理业务所需的时间是不同的,则可用 M/E_5/6 描述该排队系统,因为 Erlang-5 排队系统具有与之相关联的有限可变性。如果不能超过 20 名顾客,则应使用 M/E_5/6/20 排队系统。

3.1.3 排队系统绩效的度量指标

排队系统绩效度量指标可分为瞬态指标和稳态指标两类。在此主要介绍稳态指标。所谓稳态是指系统在经过足够长的运行时间后,其工作状态渐趋稳定状态。在稳态下的主要性能度量指标包括:

队列长度(queue length)即顾客数量:令 N 为描述系统处于稳态时顾客数量

的随机变量,则稳态时系统中顾客数量为 n 的概率:

$$p_n = \text{Prob}\{N = n\}$$

系统稳态时顾客平均数即队长 L 为

$$L = E[N] = \sum_{i=0}^{\infty} n\, p_n \tag{3.1}$$

类似地,存在系统等待队长 L_w 和处于忙状态的服务员数量 L_s,且它们之间显然存在如下关系:

$$L = L_w + L_s \tag{3.2}$$

逗留时间(sojourn time)和**等待时间**(waiting time): 顾客在系统中花费的时间,从到达队列的瞬间到离开服务员的瞬间,称为响应时间(response time)或逗留时间 T。用 T 表示描述响应时间的随机变量,用 $E[T]$ 表示其平均值。响应时间 T 由顾客在队列中等待的时间 T_w(称为等待时间)加上顾客接受服务的时间 T_s(称为服务时间)组成,即

$$T = T_w + T_s \tag{3.3}$$

利用率(utilization): 在只有一个服务员即 $C = 1$ 的排队系统中,利用率 U 被定义为服务员繁忙时间的比率。如果顾客到达并被允许进入排队设施的速率为 λ,服务员的服务速率为 μ,则利用率 U 等于 λ/μ。通常,ρ 被定义为 $\rho = \lambda/\mu$。对一个稳定的系统即队列不能无限增长的系统,服务员不能 100% 的时间都忙。这意味着必须使 $\rho < 1$ 才能使系统稳定。在具有多个服务员即 $C > 1$ 的排队系统中,利用率定义为忙服务员的平均比率,即 $U = \lambda/(C\mu)$。在多服务员系统中通常 ρ 被定义为 $\rho = \lambda/(C\mu)$,且当 $\rho < 1$ 时系统才能处于稳态。

吞吐量(throughput):排队系统的吞吐量等于其离开率,即单位时间内完成服务的平均顾客数。在排队系统中所有到达的顾客最终都得到服务并离开系统,因此吞吐量等于到达率 λ。但在容量有限的排队系统中,情况并非如此,因为到达可能在接收服务之前丢失。

此外,还有其他一些度量指标,如:

闲期(idle period):系统每次处于闲置状态的时间长度。

忙期(busy period):系统每次处于工作状态的时间长度。

可靠性(reliability):系统功能完好即无故障运行所占时间比率。

可用性(availability):系统可被使用时所占的时间比率。

3.1.4 Little 定律

Little 定律可能是排队论中使用最广泛的公式。它表述简单、直观、适用广泛,并且仅依赖于对排队系统属性的如下弱假设:

(1)排队系统能够进入平稳状态;

（2）系统中服务员的忙期和闲期交替出现，即系统不是总处于忙的状态；

（3）每个顾客都不会永远等待下去，系统也不会永无顾客到达。

这三条假设对于计算机网络和计算机系统的设计总是成立的。在这些假设下，得到如下 Little 公式：

$$L = \lambda T \tag{3.4}$$

它表明系统中的平均顾客数 L 等于顾客到达系统的平均到达率 λ 乘以每个客户的平均逗留时间 T，称为 Little 定律，其证明请参阅文献[2]。

可以看出，该定律关注的只是排队系统的 3 个重要统计平均量，对顾客的到达时间间隔和服务时间的分布以及排队规则不做任何要求。其直观解释如图 3.2 所示。

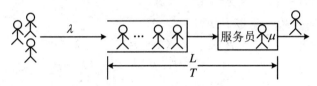

图 3.2　Little 定律的直观解释

同时，该定律可以单独应用于排队设施的不同部分即队列和服务员。于是，可以得到：

$$L_{\mathrm{w}} = \lambda T_{\mathrm{w}}, \quad L_{\mathrm{s}} = \lambda T_{\mathrm{s}} \tag{3.5}$$

因此，Little 定律将 L 与 T、L_{w} 与 T_{w}、L_{s} 与 T_{s} 6 个重要的度量指标联系起来，再与公式（3.2）和（3.3）相结合，可大大提高排队系统的求解。

后面将介绍几种常用且三值光学计算机性能分析与评价能用到的排队系统，主要包括 M/M/1 排队系统、M/M/c 排队系统、批到达 M^X/M/1 和批服务 M/M^X/1 排队系统、串行排队系统以及休假排队系统等。

3.2　M/M/1 排队系统

M/M/1 排队模型，更准确地说，它是 M/M/1/∞/∞/FCFS 排队模型，即假设顾客的到达间隔是独立同分布且参数为 $\lambda(\lambda > 0)$ 的指数分布随机变量，其均值为 $1/\lambda$，服务时间是独立同分布且参数为 $\mu(\mu > 0)$ 的指数分布随机变量，其均值为 $1/\mu$，服务员只有一人，等待空间以及客源都是无穷的，服务规则是先到先服务。下面给出其稳态下队长 L 的求解。

令 $\{N(t), t \geqslant 0\}$ 表示该系统的队长过程，则它是一个具有非常特殊结构时间参数连续的 Markov 链。由连续时间 Markov 链知识，可以画出 $\{N(t), t \geqslant 0\}$ 的状态转移图，如图 3.3 所示。可以看出，只允许从状态 $m > 0$ 到其最近的邻居，即从

状态 $(m-1)$ 和 $(m+1)$ 的转换。有顾客到达排队系统导致系统增加一个单元,即状态 m 转换成状态 $(m+1)$,被标识为出生,而当顾客从系统中离开时移除一个单元,即状态 m 转换成状态 $(m-1)$,被称为死亡。因此,该排队系统也被称为生灭过程(birth-death processes)。

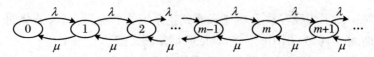

图3.3 M/M/1 排队系统的队长状态转移图

由图 3.3,可以得到其无穷小生成元 $\boldsymbol{G}$:

$$\boldsymbol{G} = \begin{pmatrix} -\lambda & \lambda & & & \\ \mu & -(\lambda+\mu) & \lambda & & \\ & \mu & -(\lambda+\mu) & \lambda & \\ & & \mu & -(\lambda+\mu) & \lambda \\ & & & \ddots & \ddots & \ddots \end{pmatrix}$$

在 $\rho = \dfrac{\lambda}{\mu} < 1$ 时,该排队模型将达到平稳状态,且其平稳概率分布 $\{p_n,\ n \geqslant 0\}$ 满足如下方程:

$$0 = -(\lambda+\mu)p_n + \mu p_{n+1} + \lambda p_{n-1}, \quad n \geqslant 1$$

$$0 = -\lambda p_0 + \mu p_1 \quad \Rightarrow \quad p_1 = \frac{\lambda}{\mu} p_0$$

再结合规范化方程 $\sum\limits_{n=0}^{\infty} p_n = 1$,可得 $p_n = (1-\rho)\rho^n$。最后,由 $L = E[N] = \sum\limits_{i=0}^{\infty} n p_n$ 可求得

$$L = \frac{\rho}{1-\rho}$$

因篇幅受限,现将该模型的一些主要性能度量指标罗列如下(详细推导过程请参阅文献[3,4]):

(1) 系统中顾客人数的概率分布 $P[N=n] = p_n = (1-\rho)\rho^n, n \geqslant 0$;

(2) 系统中平均顾客数 $L = E[N] = \dfrac{\rho}{1-\rho}$;

(3) 等待队列中顾客人数 L_q 的概率分布 $P[L_q=0] = p_0 + p_1 = 1 - \rho^2$,$P[L_q=k] = p_{k+1} = (1-\rho)\rho^{k+1}, k = 1,2,\cdots$;

(4) 等待队列中平均顾客人数 $L_w = \dfrac{\rho^2}{1-\rho}$;

(5) 服务员的利用率 $U = \rho$;

(6) 达到的顾客无需等待的概率 $p_0 = 1 - \rho$;

(7) 离去过程:离去过程是一个具有相同参数 λ 的 Poisson 过程。

与时间相关的性能度量指标可用 Little 公式求得。

3.3 M/M/c 排队系统

多服务员 M/M/c 排队系统如图 3.4 所示,其含义如下:

(1) 共有 c 个相同的服务员;

(2) 输入过程为 Poisson 流,顾客以平均到达速率为 λ(单位时间内的顾客数, $\lambda > 0$)到达系统并以速率 λ/c 到达每个服务员,顾客源的数量为 ∞;

(3) 每个服务员都按 FCFS 策略以速率 $\mu(\mu > 0)$ 提供独立且同分布的指数服务,系统容量为无穷。当系统中的顾客数 $n \geqslant c$ 时,所有服务员都忙,系统平均输出率为 $c\mu$。如果 $n < c, c$ 个服务员中只有 n 个处于忙状态,系统平均输出率等于 $n\mu$。

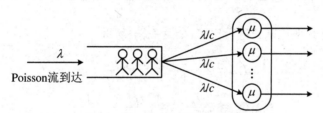

图 3.4 M/M/c 排队系统示意图

在 $\rho = \dfrac{\lambda}{c\mu} < 1$ 时,该排队模型达到平稳状态,且可求得其如下的平稳概率分布:

$$
p_n = \begin{cases} p_0 \dfrac{(c\rho)^n}{n!}, & 1 \leqslant n \leqslant c \\[2mm] p_0 \dfrac{(c\rho)^n}{c^{n-c}c!} = p_0 \dfrac{\rho^n c^c}{c!}, & n \geqslant c \end{cases}
$$

其中,$p_0 = \left[\displaystyle\sum_{n=0}^{c-1} \dfrac{(c\rho)^n}{n!} + \dfrac{(c\rho)^c}{c!} \dfrac{1}{1-\rho} \right]^{-1}$。

该排队模型的状态转换图如图 3.5 所示。下面给出了该模型的一些主要性能度量指标(详细推导过程,请参阅文献[4]):

(1) 系统中平均顾客数为 $L = \left[\dfrac{(\lambda/\mu)^c \lambda\mu}{(c-1)!(c\mu-\lambda)^2} \right] p_0 + \dfrac{\lambda}{\mu}$;

(2) 等待队列中平均顾客人数为 $L_w = \dfrac{(\lambda/\mu)^c \lambda\mu}{(c-1)!(c\mu-\lambda)^2} p_0$;

(3) 到达的客户被迫在队列中等待的概率 p_w,即所有服务器都忙的概率有

$$p_w = \sum_{n=c}^{\infty} p_n = \frac{(\lambda/\mu)^c \mu}{(c-1)!(c\mu - \lambda)} p_0$$

(4) 服务员的利用率 $U = \rho$。

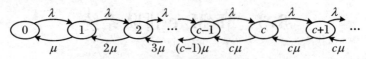

图 3.5　M/M/c 队列的状态转换图

下面探讨一个问题：对图 3.6 所示到达速率均为 λ 且服务速率均为 2μ 的 3 种排队系统，哪个方案最优？

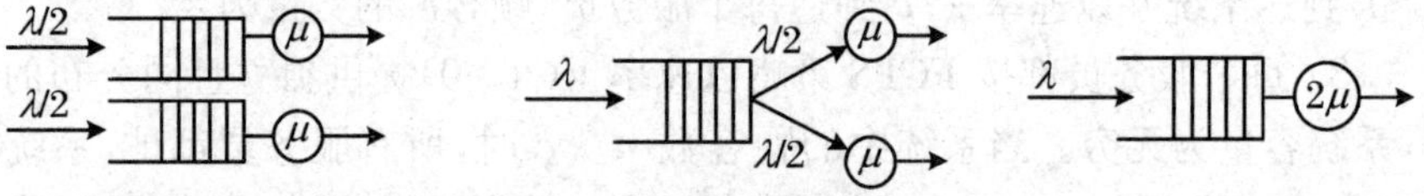

(a) 2个服务速率均为μ的服务员独自队列　(b) 2个服务速率均为μ的服务员共享队列　(c) 服务速率为2μ的服务员队列

图 3.6　服务速率均为 2μ 的 3 种排队系统

下面通过其平均队长进行比较，令 $\rho = \dfrac{\lambda}{2\mu}$，易得

$$L_a = 2 \times \frac{\rho}{1-\rho} = \frac{2\rho}{1-\rho}$$

$$L_b = \frac{2\rho}{1-\rho^2} = \frac{2\rho}{1-\rho} \times \frac{1}{1+\rho}$$

$$L_c = \frac{\rho}{1-\rho}$$

显然，$L_a \geqslant L_b \geqslant L_c$。因此，方案(c)最优，方案(a)最差，方案(b)介于二者之间。

3.4　成批到达的 $M^X/M/1$ 排队系统

对 M/M/1 排队系统，除了假设到达流形成 Poisson 过程之外，还假设任何一次到达的实际顾客数量是随机变量 X，其取值为 n 的概率为 c_n，其中 n 为正整数。这个新的排队问题被称为成批到达的 $M^X/M/1$ 排队系统，它仍是一个 Markov 链。假设大小为 n 的 Poisson 过程成批到达率为 λ_n，则 $c_n = \lambda_n/\lambda$，其中 λ 是所有批次的复合到达率，等于 $\sum \lambda_n$。这个由具有不同到达率的 Poisson 过程集叠加而生的总过程是一个多重或复合 Poisson 过程。当 X 取值为 1,2,3 三个数时的状态转移图如图 3.7 所示。

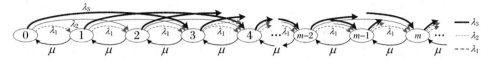

图 3.7 成批到达的 $M^X/M/1$ 排队系统的状态转移图(参见彩图)

对任意随机变量 X,可以导出如下一组平衡方程:

$$(\lambda + \mu)\, p_n = \mu\, p_{n+1} + \lambda \sum_{k=1}^{n} p_{n-k} c_k, \quad n \geqslant 1$$

$$\lambda\, p_0 = \mu\, p_1$$

采用母函数法(详见文献[1])可求得该模型的队长

$$L = \frac{r(E[X] + E[X^2])}{2(1-\rho)} = \frac{\rho + rE[X^2]}{2(1-\rho)}$$

其中,$\rho = \lambda E[X]/\mu$,$r = \lambda/\mu$。

3.5 批服务的 $M/M^K/1$ 排队系统

下面考虑具有批量服务的单服务员 Markov 队列。在该模型下,顾客仍是按照参数为 λ 的 Poisson 流到达,服务时间是参数为 μ 的指数分布,存在单个服务员按 FCFS 策略为顾客提供服务,不存在系统容量约束,一次服务 K 个顾客。考虑两种批服务模型:全批服务模型和部分批服务模型。

在全批服务模型中服务员一次恰好服务 K 个顾客。如果系统中少于 K 个顾客,则服务员保持空闲状态,直到有 K 个客户,服务员才开始同时服务 K 个顾客。对于一批中的所有客户,其服务时间都是相同的,并且该时间以平均值 $1/\mu$ 呈指数分布。例如,该模型可以代表一个渡轮,该渡轮一直等到船上恰好有 K 辆汽车才离开。

在部分批服务模型中服务员最多可同时服务 K 个顾客。与全批服务模型相比,当队列中的顾客数少于 K 时,服务员仍可以开始其服务。新来者立即进入服务,直到 K 个顾客,并与其他顾客一起同时完成,无论何时进入服务。在此,仅给出部分批服务模型的队长 L 的表达式

$$L = \frac{r_0}{1 - r_0}$$

其中,r_0 为特征方程 $f(x) = \mu x^{K+1} - (\lambda + \mu)x + \lambda = 0$ 在区间 $(0,1)$ 内唯一的根[1]。

3.6 串联排队系统

本节将重点介绍串联网络模型,在介绍其之前先介绍 Burke 定理。

定理 3.1(Burke 定理)[2,8,9]　考虑到达率为 λ 的 M/M/1 排队系统。系统到达平稳状态时,以下命题为真:

(1) 其离开过程也是参数为 λ 的 Poisson 流。

(2) 在任意时刻 t,系统在 t 时刻的作业数量与 t 之前离开时间序列无关。

定理 3.1 第(1)部分说明,离开间隔时间以速率 λ 呈指数分布。然而,事实并非如此。显然,当服务台繁忙时,离开间隔时间服从 $\text{Exp}(\mu)$。但是服务台在 $\text{Exp}(\lambda)$ 时间内处于空闲状态,离开间隔时间服从 $\text{Exp}(\lambda)+\text{Exp}(\mu)$。这样导致具有 $\text{Exp}(\lambda)$ 间隔时间的离开过程的原因就不那么明显。定理 3.1 第(2)部分表明,系统中任何时候的作业数量都不取决于之前的离开时间或模式。

下面看看 Burke 定理在串联排队模型中的应用。对图 3.8(a)所示的串联排队系统,希望求得其极限概率。

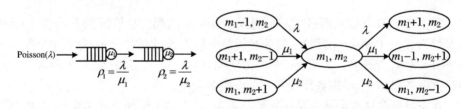

(a) 简单的串联排队系统　　　　(b) 当$m_1 \geqslant 1$和$m_2 \geqslant 1$时的部分状态转移图

图 3.8　简单的串联排队系统及其部分状态转移图

绘制 CTMC 并求解相关的平稳方程来对系统进行建模,可得到一个无限状态的 CTMC,其每个状态都是一对(m_1, m_2),其中 m_1 和 m_2 分别表示服务台 1 和 2 中的作业数且 $m_1 \geqslant 1$ 和 $m_2 \geqslant 1$。该 CTMC 的部分状态转移图如图 3.8(b)所示,可得其平稳方程如下:

$$\pi_{m_1, m_2}(\lambda + \mu_1 + \mu_2) = \pi_{m_1-1, m_2} \cdot \lambda + \pi_{m+1, m_2-1} \cdot \mu_1 + \pi_{m_1, m_2+1} \cdot \mu_2$$

该平稳方程看起来就很难求解。如果应用 Burke 定理,可很容易地找到其解。根据 Burke 定理的第(1)部分,可知进入服务台 2 的到达流仍是 Poisson(λ)。单独查看这两个服务台,它们都是到达率为 λ 的 M/M/1 系统。因此,

$$P\{m_1 \text{ 作业在服务台 } 1\} = \rho_1^{m_1}(1 - \rho_1)$$

$$P\{m_2 \text{ 作业在服务台 } 2\} = \rho_2^{m_2}(1 - \rho_2)$$

下面证明 2 个服务台上的作业数量是独立的。令 $N_1(t)$ 和 $N_2(t)$ 分别表示 t

时刻服务台 1 和 2 上的作业数。根据 Burke 定理的第(2)部分,在 t 之前离开服务台 1 的顺序与 $N_1(t)$ 无关。因为到达服务台 2 的都是从服务台 1 离开的,所以看到在 t 之前到达服务台 2 的顺序与 $N_1(t)$ 无关。而 $N_2(t)$ 完全由在 t 之前到达服务台 2 的顺序决定。因此,对任意 t,$N_2(t)$ 与 $N_1(t)$ 无关。于是,可得其极限分布

$$
\begin{aligned}
\pi_{m_1,m_2} &= \lim_{t \to \infty} P\{N_1(t) = m_1 \text{ 且 } N_2(t) = m_2\} \\
&= \lim_{t \to \infty} P\{N_1(t) = m_1\} P\{N_2(t) = m_2\} \\
&= \lim_{t \to \infty} P\{N_1(t) = m_1\} \lim_{t \to \infty} P\{N_2(t) = m_2\} \\
&= P\{m_1 \text{ 作业在服务台 } 1\} P\{m_2 \text{ 作业在服务台 } 2\} \\
&= \rho_1^{m_1}(1-\rho_1)\rho_2^{m_2}(1-\rho_2)
\end{aligned}
$$

问题:对图 3.9 所示的两个串联排队系统哪个更优?

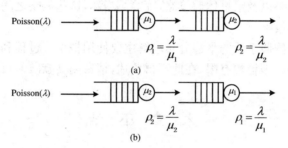

图 3.9 两个简单的串联排队系统

其性能一样,因为对两个系统都有

$$
L = \frac{\rho_1}{1-\rho_1} + \frac{\rho_2}{1-\rho_2}
$$

3.7 休假排队系统

随着网络通信、柔性制造系统等高新技术的发展,提出了大量复杂系统设计和控制问题,经典排队模型在处理这些问题时遇到极大的局限性。作为经典排队论的最新发展,随机服务模型允许服务台在某些时候采取各种不接待顾客的策略。这些暂时中断服务的时间统称为休假。休假理由多种多样,如对服务设施进行维修保养、为提高经济效益在相对清闲时停止工作等。休假排队不仅反映了服务可能发生中断的客观事实,而且各种休假策略可为系统优化设计和过程控制提供灵活性。为此,休假排队受到了广泛的关注并迅速发展成为随机运筹学的一个研究热点,并得到卓有成效的广泛应用。

求解单服务台休假排队系统理论的核心内容是随机分解(stochastic decomposition），即休假排队系统中的稳态指标，通常可分解成两个独立随机变量之和，其中一个是经典系统中的同名指标，另一个是休假引起的附加随机变量。随机分解使休假排队与经典排队系统的比较一目了然，便于分析各种休假策略对经典排队模型的影响，从而使问题得以简化。例如，对经典排队系统 GI/G/1，以 L，Q，W 分别表示其稳态下系统中顾客数、排队等待顾客数及等待时间，引入某种休假策略后用 L_v，Q_v，W_v 分别表示休假排队系统中的相应稳态随机变量，用 L_d，Q_d，W_d 分别表示因休假而引起的相应附加稳态随机变量。其随机分解结果可表示为

$$L_v = L + L_d, \quad Q_v = Q + Q_d, \quad W_v = W + W_d$$

无论是实际应用还是理论研究，多服务台休假排队系统都尤为重要。同单服务台休假系统相比，多服务台系统的休假策略更加纷繁多样。休假策略主要包括同步休假策略和异步休假策略、单重休假策略和多重休假策略、空竭服务休假策略和非空竭服务休假策略以及限量休假策略，等等。当然，这些策略之间还可以相互组合产生系统所需的策略。

对多服务台休假系统的平稳分布求解主要使用拟生灭过程和矩阵几何解的条件随机分解方法。因篇幅有限，在此不再赘述，请参阅文献[10,11]。

本 章 小 结

本章主要讨论了排队现象建模，并重点介绍了 M/M/1 排队系统、M/M/c 排队系统、批到达的 M^X/M/1 排队系统、批服务的 M/M^K/1 排队系统、串联排队系统、休假排队系统及相关性能指标。

从第 5 章将介绍如何用各种排队系统对三值光学计算机进行建模，并对其性能进行分析与评价。

第4章 三值光学计算机

4.1 光 计 算

电子计算机诞生后,许多该领域科学家就认识到其存在一些缺陷,如功耗太高、位数太少等。特别是近 10 年来随着 5G、巨量模型、人工智能的发展,气象预报、反导弹系统等复杂大系统以及大数据处理的计算新需求对电子计算机性能提出了越来越高的要求。研究人员采用了一些新技术,使电子计算机发挥集群优势,构建出很多计算速度达数百 Pflop/s 的超级计算机,如全球最新的超算排名中的美国橡树岭国家实验室的 Frontier,为全球第一款 E 级超算(百亿亿次),以及中国神威太湖之光等新超级计算机,如图 4.1 所示。

(a) 美国的Frontier　　　　　　　(b) 中国的神威太湖之光

图 4.1　超级计算机

新技术应用不但凸显了上述缺陷,而且产生新的问题,如复杂的并行调度、网络通信延迟、高能耗等。于是构建各种新型环保计算机的设想应运而生,出现了量子计算机[12]、DNA 计算机[13]及光计算机[14,15],使得并行绿色计算百花齐放。

随着摩尔定律逐渐接近物理极限,光因其极高的信息携带本领、极快的时间响应速度、极强的空间互连能力、极大的信息存储容量等优异特性,使得光计算越来越受到关注。在国外,为实现光计算,印度 Saranya 等利用独特的线波导和环形谐振腔结构提出了一种基于二维光子晶体的新型全光时钟 D 触发器,其比特率达1.72 Tb/s[14];Rashed 等从光学计算机最基本元件如光开关、类或光门、异或门、触发器等出发,利用非线性材料提出了一种光学逻辑与算术处理器和全光稳定多谐振荡器的设计方案,以实现全光计算[16];Babashah 等利用色散(dispersive)傅里叶变换、四波混频线性啁啾调制和级联的马赫－曾德尔调制器和相位调制器构成的传递函数实现了一个完全可重构的光子集成信号处理系统,结果显示其在带宽为400 GHz 的芯片级完全可重构全光信号处理方面具有巨大潜力[17];美国的 Jones 等利用一种压缩感知技术设计并制作了一种适合恶劣环境的新型微型多元光计算(multivariate optical computing,MOC)传感器,并进行相关测试,结果表明它能够在高温高压下(高达 230 ℃和 138 MPa)工作,并能提供与实验室傅里叶变换红外光谱仪相媲美的精确光谱成分分析[18];俄罗斯的 Bezus 等在平板波导表面设计了一个由单亚波长介质脊组成的简单结构以实现空间积分和微分,在光束斜入射时分别对反射光束和透射光束进行积分和微分运算[19];等等。

在国内,也有许多科研院所学者从事光计算研究:Ying 等用更少的组件设计并实现了一种具有更短光路的通用电光逻辑,以探索其在光计算中的潜力[20];浙江大学的 Zhou 等提出了一种基于深度神经网络的多层空间光学微分器设计方法,实现了二阶空间光学微分器[21];Liu 采用透射式布拉格光纤光栅实现了 THz 带宽的分数阶光学微分器[22];国防科技大学的 Li 等出版了一部关于光计算的专著,其中详细且全面地论述了光计算机的实现技术[23];华为的 Li 等认为在人工智能领域所需算力的不断挑战下模拟光计算是一种解决后 Moore 时代的新方法,并实现了光学向量矩阵乘法和光 Ising 机[24];等等。

因此,在后 Moore 时代光计算因其能耗低、带宽高、并行性强等优点而备受各科技强国科研工作者的青睐。

4.2　三值光学计算机简介

在计算机的发展历史进程中,除了我们现在最常使用的基于二进制的电子计算机,还有基于三进制的电子计算机。例如,苏联于 20 世纪 70 年代就曾研制出名为"Сетунь"的三进制计算机,但其中使用的数字不是"0""1""2",而是"－1""0""1",即对称三进制。事实证明,它在性能和功耗上都优于当时的二进制电子计算机。

三值光学计算机(ternary optical computer,TOC)最早由上海大学的金翊教授于 2003 年提出。他从构造计算设备的基本原理出发、选择适合在计算机中表达信息的光学状态、立足现有器件和技术、研究能尽量发挥光信号优势的计算机系统——三值光学计算机。选择无光态以及两个相互正交的偏振光即水平偏振光和垂直偏振光来表达信息,并利用液晶的旋光性和偏振片的选光性来实现不同光学状态的转换即完成运算,进而提出 TOC 原理[25]及结构[26]。2008 年,提出降值设计理论,该理论使得 TOC 的处理器设计具有规范性,而且在该理论指导下设计出的处理器具有动态重构性[27-28]。在该理论指导下已成功构建四代 TOC 硬件平台,其中最新研制出的第四代 SD16(图 4.2)具有 192 trit(即三值数据位)和易扩展性。

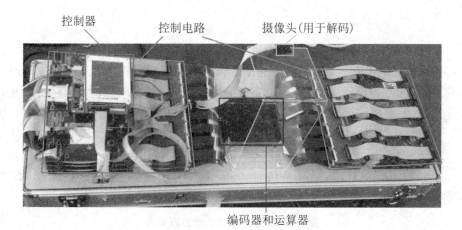

图 4.2　三值光学计算机 SD16 实物图(参见彩图)

在三值光学计算机中使用的 MSD(modified signed-digit)数字系统仍是二进制的,但不是使用"0"和"1"两个数字,而是使用"−1""0""1"三个数字,这使得该数字系统具有冗余性。利用这一重要性质,可实现三值光学计算机的无进位全并行加法器,解决了加法进位延迟问题[29-32](将在 4.4 节重点介绍),进而实现乘法和向量矩阵乘法[32]。

在软件方面,为方便用户使用 TOC 系统,2011 年就开始其任务管理系统研究,提出其监控系统模块结构及模块间通信协议[33]。2018 年张素兰等提出其编程模型和实现机制[34]。2018 年宋凯提出了基于行运算器的控制信息生成方法以自动化完成用户运算请求的提交[35]。2019 年金翊等解决了编写 TOC 应用程序的关键技术——运算-数据文件——SZG("三值光"汉语拼音首字母)文件格式及其生成方法,并对程序语言进行了必要扩充[36]。

在应用方面,许多学者积极探索其在工程和技术领域的应用。例如,在 TOC 平台上解决了图论中的最短路径问题[37],实现了均值滤波器[38]、DFT 算法[39]、并行人工蜂群算法[40]以及用元胞自动机模拟三通道交通流[41],等等。

综上可知,经过近 20 年的发展,在 TOC 软硬件方面以及数值应用方面都取得了一些突破性进展。下面将详尽介绍在三值光学计算机发展历程中具有里程碑意义的理论和技术,如降值设计理论和 MSD 加法理论。

4.3 降值设计理论

在硬件方面,在提出 TOC 结构与原理时就实现了一些三值逻辑运算器,但运算器的设计完全没有规律可循、缺少设计规范。2006 年,在设计具有百位处理器位的三值逻辑光学处理器时,严军勇等发现了设计二元三值逻辑运算器规律,并对其进行总结、抽象,进而形成降值设计理论[27,28]。在介绍该理论之前,先给出与该理论相关的几个定义。

定义 4.1(二元 n 值逻辑运算) 形如表 4.1 所示真值表的逻辑运算 L 称为一个二元 n 值逻辑运算,其中,L_i,$R_{ij} \in \Omega = \{L_1, L_2, \cdots, L_n\}$,$i, j = 1, \cdots, n$,$\Omega$ 称为符号系统。

表 4.1 二元 n 值逻辑运算真值表

L	L_1	L_2	⋯	L_n
L_1	R_{11}	R_{12}	⋯	R_{1n}
L_2	R_{21}	R_{22}	⋯	R_{2n}
⋯	⋯	⋯	⋯	⋯
L_n	R_{n1}	R_{n2}	⋯	R_{nn}

由定义 4.1 知,我们平时所说的与运算、或运算和异或运算属于二元二值逻辑运算,且其符号系统由"0"和"1"组成。

定义 4.2(二元 n 值逻辑运算器) 实现形如表 4.1 所示的二元 n 值逻辑运算的物理器件称为二元 n 值逻辑运算器,简称运算器。

从直觉上,所有的 n^{n^2} 个二元 n 值逻辑运算中的每个都对应一个二元 n 值逻辑运算器。这样就给研究人员设计二元三值逻辑运算器带来了极大的困难,需要设计 $3^{3^2} = 19683$ 个,不像二元二值逻辑运算器最多只有 16 个。

定义 4.3(D 状态) 用集合 $S = \{S_1, S_2, \cdots, S_n\}$ 表示某计算系统中用来表示信息的 n 个物理状态,若 S 中存在某个状态 Z 与 S 中的任意状态 S_i,$i = 1, \cdots, n$ 进行物理迭加后仍为 S_i,则称 Z 为 D 状态。

根据该定义 4.3,当 D 状态同 S 中的状态进行物理迭加时,D 状态像不存在一样。例如,在三值光学计算机所选的三种光学状态中无光态就是 D 状态。

定义 4.4(基元) 在设计一个二元 n 值逻辑运算器时,若其 n^2 个运算结果中只有一个非 D 状态,其他均为 D 状态,则称该逻辑运算器为一个基元。

由定义 4.4 可知,基元的输入信号是 n 值的,但其输出是二值的;对二元 n 值逻辑运算器而言,共有 $n^2(n-1)$ 个基元。因此,二元三值逻辑运算器共有 18 个基元。

定义 4.5(迭合运算)　多个基元的迭合运算是指对应的物理状态的物理迭加,用符号"⊕"表示。若迭加后的物理状态 $S_p \in S$,则迭合运算成立;否则,迭合运算不成立。

有了基元,其他二元 n 值逻辑运算器均可由这些基元经迭合运算而生成。例如,图 4.3 所示左侧二元三值逻辑运算器 T 可由右侧的两个基元 T_1 和 T_2 迭合而成,其中 W、H 和 V 分别表示无光态、水平偏振光和垂直偏振光。

T	W	H	V
W	W	W	W
H	W	V	W
V	W	W	H

=

T_1	W	H	V
W	W	W	W
H	W	V	W
V	W	W	W

⊕

T_2	W	H	V
W	W	W	W
H	W	W	W
V	W	W	H

图 4.3　基元迭合运算示意图

为了使迭合运算所需的基元个数最少,在符号系统与物理状态间建立一一映射时,将出现次数最多的那个符号映射成 W,即无光态。例如,对图 4.4(a)所示二元三值逻辑运算 L(其中的"$\bar{1}$"表示"-1"),图 4.4(b)和(c)所示的 T̄ 和 T 两个运算器都可实现该运算,但设计它们所需的基元个数不同,分别是 7 和 4,为提高运算性能和降低设计复杂性,选择 T 运算器来实现 L。

从左向右看图 4.3,T 可以分解为 T_1 和 T_2 两个基元。于是,有如下分解定理。

定理 4.1(分解-迭合定理)　若二元 n 值逻辑运算器 T 的真值表有 m 个非无光态运算结果,则 T 可分解为 m 个基元,并由这 m 个基元迭合而成。

其证明详见文献[27]。由该定理可知,任意二元 n 值逻辑运算器都可由 $n^2(n-1)$ 个最简单的基元迭合而成,且最多需要 $n^2 \times \left(1 - \dfrac{1}{n}\right) = n(n-1)$ 个基元。

对一个普通的二元 n 值逻辑运算器 T,其输入和输出信号都是 n 值的,而基元的输入信号虽也是 n 值的,但其输出却是二值的,所以基元的构造比 T 简单且易于实现。由定理 4.1,T 可由基元迭合而成。故称该理论为降值设计理论。

由该理论可以制定出在已知二元 n 值逻辑运算 L 前提下如何设计运算器的降值设计步骤或规范。

(1) 确定 D 状态。

(2) 确定 L 中各符号与物理状态间的一一映射。特别地,L 中出现最多的那个符号映射到 D 状态。

(3) 得到实现二元 n 值逻辑运算 L 的二元 n 值逻辑运算器 T。

(4) 根据定理 4.1,得到 T 所需基元。

(5) 设计所需的各基元。

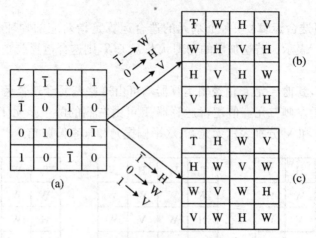

图 4.4　二元三值逻辑运算到运算器映射示意图

（6）将各基元相迭加，从而构造出运算器 T。

综上所述，可以得到降值设计理论要义：在设计二元 n 值逻辑运算器时（$n\in$ **N**，且 $n>2$），如果选定的 n 个物理状态中存在 D 状态，则所有 n^{n^2} 个二元 n 值逻辑运算器都可按照一个规范的设计步骤，并由 $n^2(n-1)$ 个基元迭合而成。

目前，该理论不但使运算器的设计具有规范性，而且已成功地应用于 TOC 运算器的设计，并设计出多代 TOC 平台。这些平台上的运算器不但具有光学处理器的天然属性如并行性、低能耗等，而且具有巨位性（即处理器位数非常多，可达千万位）、动态可重构性和按位可分配性等。

4.4　MSD 无进位加法

加法作为一种最基本的算术运算，在电子计算机中因为采用二进制而产生加法的进位传播和进位延迟，从而影响运算效率。下面将重点讨论如何基于 MSD 数字系统在 TOC 上实现并行无进位加法器。

自 2003 年提出三值光计算机原理和结构，开创三值光计算机研究以来，研究团队就开始研制适合 TOC 的加法器。由于其巨位性，在设计加法器时必须要解决的一个问题是加法的进位延迟问题。为此，于 2005 年提出了进位直达并行加法器原理[42]，随后蔡超等基于对称三进制数对三值光计算机半加器和加法器进行了研究[43-45]，但这些理论因其实现复杂性并没有最终在 TOC 上得到应用。

4.4.1　MSD 数字系统

MSD 数字系统早在 1961 年就为 Avizienis 等首次提出[46]，1986 年 Draker 等在研究光子计算时首次将其引入到光计算中[47]。MSD 数字系统是一种带符号位三值二进制数。对任意实数 A，其 MSD 表达形式为

$$A = \sum_i a_i 2^i \tag{4.1}$$

其中，i 为整数，$a_i \in \{\bar{1}, 0, 1\}$。任一个数(除 0 外)的 MSD 数都可以具有多种表达形式。例如

$$(6)_{10} = (110)_{2 \text{ or MSD}} = (10\bar{1}0)_{\text{MSD}} = (1\bar{1}0\bar{1}0)_{\text{MSD}}$$

$$(-6)_{10} = (\bar{1}010)_{\text{MSD}} = (\bar{1}1010)_{\text{MSD}}$$

从上例可以看出该数字系统具有冗余性，正是该性质使得 MSD 数字系统在进行加减运算时不会产生进位或借位传播。

4.4.2　MSD 数加法所用真值表

表 4.2 定义了能够使 TOC 以全并行的方式完成 MSD 加法运算的四种变换，其中 u 表示 −1。T_1 和 W_1 变换、T_2 和 W_2 变换在本质上都是 MSD 数的一对进位和本位，只是其表达形式不同而已。其中，T_1 和 W_1 变换使二进制数的表示具有冗余性，从而避免了进位传播。

表 4.2　MSD 数加法用到的 4 种逻辑变换真值表

a	b	T_1	W_1	T_2	W_2
u	u	u	0	u	0
u	0	u	1	0	u
u	1	0	0	0	0
0	u	u	1	u	1
0	0	0	0	0	0
0	1	0	1	1	u
1	u	0	0	0	0
1	0	0	1	1	u
1	1	1	0	1	0

4.4.3　MSD 数加法步骤

完成 MSD 数加法的具体步骤如下：

第1步　对位。如果其位数不同，则在位数较小的最高位前补 0，以使其位数相等。

第2步　同时进行 T_1 和 W_1 变换。第 i 位的 T_1 变换结果作为进位应写在第 $i+1$ 位，最右侧补一个 0，即 $t_i = T_1(x_{i-1}, y_{i-1})$，$w_i = W_1(x_i, y_i)$，并在 W_1 变换结果的最左侧补一个 0。

第3步　对第 2 步的结果同时进行 T_2 和 W_2 变换。第 i 位的 T_2 变换结果作为进位应写在第 $i+1$ 位，最右侧补一个 0，即 $t'_i = T_2(t_{i-1}, w_{i-1})$，$w'_i = W_2(t_i, w_i)$，并在 W_2 变换结果的最左侧补一个 0。

第4步　对第 3 步的结果进行 T_2 变换，即可得到其两个 MSD 数的和 $s_i = T(t'_i, w'_i)$。

下面通过一个例子来说明两个 MSD 数加法的实现过程。例如，求 $(24)_{10}$ + $(112)_{10} = (10u000)_{MSD} + (100u0000)_{MSD}$。其过程如表 4.3 所示，其中 φ 表示填充的 0。

表 4.3　两个 MSD 数加法过程

步骤	变换名称	每位 MSD 数									
第1步	被加数(x_i)			φ	φ	1	0	u	0	0	0
	加数(y_i)			1	0	0	u	0	0	0	0
第2步	T_1变换(t_i)		0	0	0	u	u	0	0	0	φ
	W_1变换(w_i)		φ	1	0	1	1	1	0	0	0
第3步	T_2变换(t'_i)	0	1	0	0	0	1	0	0	0	φ
	W_2变换(w'_i)	φ	0	u	0	0	0	u	0	0	0
第4步	T_2变换(s_i)	0	1	u	0	0	1	u	0	0	0

表 4.3 中最后一行对应的 MSD 数 01u001u000 可利用公式(4.1)将其转换成十进制数，即 136。可以看出两个 n 位的 MSD 数相加的结果是一个 $n+2$ 位 MSD 数。因为二进制也是 MSD 数，所以在第 1 步中的两个操作数可以直接使用其二进制编码。使用这 4 个变换完成加法运算时无论被加数和加数的位数如何（假设系统有足够多的处理器位数）都只需 3 步，即图 4.5 所示的 3 步变换。

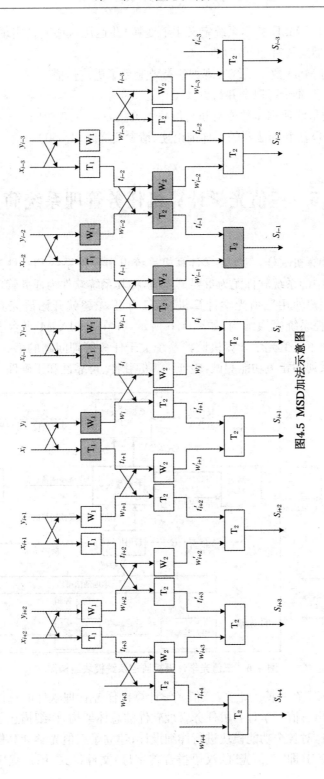

图4.5 MSD加法示意图

本节介绍了 MSD 数字系统定义 4 个变换,并运用这些变换实现无进位加法。可以看出,该加法具有如下特点:

(1) 采用 MSD 数字系统实现加法有效避免了进位传播;

(2) 第 2 至 4 步可以全并行方式工作;

(3) 实现加法所需步数或时间与位数无关。

关于 MSD 法和加法器的更详细论述,请参阅文献[48-50]。

4.5　三值光学计算机任务管理系统简介

同电子计算机一样,三值光学计算机系统也由硬件系统和软件系统构成。显然,软件系统中的系统软件尤为重要。当前,称其系统软件为任务管理系统。

为方便用户使用三值光学计算机,2011 年王先超就开始研究其任务管理系统,提出其监控系统模块结构,如图 4.6 所示,并在 RadASM 平台上基于 Win32 汇编语言实现了三值光学计算机监控系统关于任务管理问题的第一个雏形,并对其进行了一系列的相关功能测试,验证了其健壮性、可靠性和正确性[33,51]。

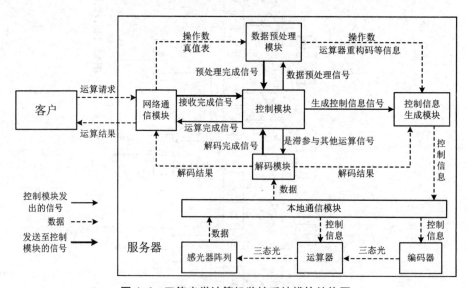

图 4.6　三值光学计算机监控系统模块结构图

2013 年宋凯在其博士论文《三值光学计算机任务管理软件的总体架构及其原型实现》中提出三值光学计算机任务管理软件的总体架构,详细描述了该任务管理软件的数据流,对各个功能模块进行详细设计;建立了三值光学计算机数据文件交换协议——SZG(即"三值光"的汉语拼音首字母)文件格式,用户程序与该任务管理系统的接口技术——空位标志和运算登记表等,该任务管理软件与三值光学处理器硬件的接口技术;实现了多用户运算请求、数据位资源分配、处理器重构等多个主要功能模块;同样,也实现了该任务管理系统,并进行相关功能测试。

在研制任务管理系统的同时,提出了适合三值光学计算机的任务调度策略与算法和处理器分配策略与算法。例如,定时调度策略与算法、数据位静态和动态分配策略与算法、处理器按比例分配算法和任务结束时调度策略与算法等。

4.6 三值光学计算机应用

在应用方面,自在三值光学计算机上基于 MSD 数字系统实现并行无进位加法后,许多学者积极探索其在工程和技术领域的应用。例如,实现了向量矩阵乘法[52],解决了图论中的最短路径问题[53],实现了均值滤波器[54]、DFT 算法[55]、并行人工蜂群算法[56],等等。下面对向量-矩阵乘法在三值光学计算机上的实现进行重点介绍。

要实现向量矩阵乘法首先应在并行无进位加法的基础上实现两数的乘法。实现两个一位的 MSD 乘法需要另外一种二元三值逻辑变换——M 变换,其真值表如表 4.4 第 3 列所示。

两个 n 位 MSD 数 $X = x_{n-1} \cdots x_1 x_0$ 和 $Y = y_{n-1} \cdots y_1 y_0$ 相乘,被乘数 X 左移 i 位后与乘数 Y 的第 i 位进行 M 变换的结果称为部分积 p_i。设 P 是所有部分积的和,则有

$$P = AB = \sum_{i=0}^{n-1} A\, b_i\, 2^i = \sum_{i=0}^{n-1} p_i \tag{4.2}$$

可以看出,计算两个 MSD 数的积包括两个基本操作:生成部分积和累加部分积。为充分利用光学处理器的巨位性和并行性,以全并行方式生成 n 个部分积,而后采用图 4.7 所示二叉迭代法对其进行累加,需要 $\lceil \log_2 n \rceil$ 步,即其时间复杂度为 $O(\log_2 n)$。而采用顺序累加法需要 $n-1$ 步,其时间复杂度为 $O(n)$。效率提高 $(n-1)/\lceil \log_2 n \rceil$ 倍。

下面给出用二叉迭代法求 2 个 4 位 MSD 数相乘的例子,如 $(1110)_{MSD} \times (101u)_{MSD}$,其过程如图 4.7 所示。

在乘法基础上,设计并实现向量-矩阵乘法。设向量 $\boldsymbol{\alpha}$ 和矩阵 $\boldsymbol{M}$ 相乘,积为向量 $\boldsymbol{\beta}$,即

$$\boldsymbol{\alpha}_{1 \times N} \boldsymbol{M}_{N \times N} = \boldsymbol{\beta}_{1 \times N} \tag{4.3}$$

$$
\begin{array}{l}
\varphi\ \varphi\ \varphi\ \varphi\ \varphi\ u\ u\ u\ 0 \\
\varphi\ \varphi\ \varphi\ 1\ 1\ 1\ 0\ \varphi \\
\varphi\ \varphi\ 0\ 0\ 0\ 0\ \varphi\ \varphi \\
\varphi\ 1\ 1\ 1\ 0\ \varphi\ \varphi\ \varphi
\end{array}
\longrightarrow
\begin{array}{l}
\varphi\ \varphi\ l\ u\ 0\ u\ 1\ 0 \\
1\ 0\ 0\ u\ 0\ 0\ 0\ 0
\end{array}
\longrightarrow
1\ u\ 0\ 0\ 0\ 0\ u\ 0
$$

图 4.7 二叉迭代法求 4 位 MSD 数之积

$\boldsymbol{\beta}$ 的每个元素称为向量内积,即

$$\beta_i = \sum_{j=1}^{N} \alpha_j m_{ji}, \quad i = 1, \cdots, N \tag{4.4}$$

由(4.4)式可知,求向量内积应分为两个步骤:先求对应元素之积,再求相应的积之和。继续使用二叉迭代法来计算向量内积,如图 4.8 所示。可以看出其计算时间不仅与数据的位数 n 有关而且与向量 $\boldsymbol{\alpha}$ 中元素个数 N 有关。在采用二叉迭代法计算两个 MSD 数乘积和向量内积的时间复杂度分别是 $O(\log_2 n)$ 和 $O(\log_2 N)$。故在三值光学计算机上完成向量-矩阵乘法的时间复杂度为 $O(\log_2 nN)$。

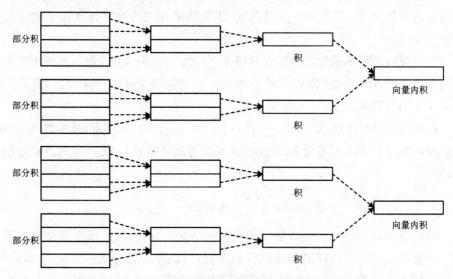

图 4.8 采用二叉迭代法实现向量-矩阵相乘其示意图

以求下面的向量-矩阵的乘积为例,说明向量-矩阵乘法的具体实现步骤:

$$
(3\quad 1)_{10} \times \begin{bmatrix} -1 & 2 \\ -2 & -3 \end{bmatrix}_{10} = (11\quad 1\bar1)_{\text{MSD}} \times \begin{bmatrix} \bar1 1 & 10 \\ \bar10 & \bar1\bar1 \end{bmatrix}_{\text{MSD}}
$$

第 1 步 选择三步实现 MSD 加法的二元三值逻辑运算组合。在此选择另外一组变换组合,其真值表如表 4.4 中 4～7 列所示。

第 2 步 依据降值设计理论,确定 5 种不同变换在 4 个不同分区所需基元数

以及 u,0,1 同三种不同光状态间的映射,如表 4.5 所示。

第 3 步　使用 M 变换生成部分积。运算结果如图 4.9(a)所示。根据 4.5 表中 M 变换的编码进行解码得到运算结果为 0011,0uu0,0000,0u10,0000,0110,00u1,0u10。

第 4 步　对第 3 步结果同时进行 T_1 和 W_1 变换,运算结果如图 4.9(b)所示。解码得到其运算结果分别为 0u01,0u10,0110,0u01 和 010u,01u0,0uu0,010u。将 T_1 结果调整为 u010,u100,1100,u010。

表 4.4　MSD 数加法用到的一组逻辑变换真值表

a	b	M	T_1	W_1	T_2	W_2
u	u	1	u	0	u	0
u	0	0	u	1	0	u
u	1	u	0	0	0	0
0	u	0	u	1	0	u
0	0	0	0	0	0	0
0	1	0	1	u	0	1
1	u	u	0	0	0	0
1	0	0	1	u	0	1
1	1	1	1	0	1	0

表 4.5　实现向量矩阵乘法所需变换的有关信息

变换	所需基元数量				编　码		
	VV	VH	HH	HV	u	0	1
M	1	0	2	1	水平偏振光	无光	垂直偏振光
T_1	3	0	3	0	水平偏振光	无光	垂直偏振光
W_1	0	2	0	2	水平偏振光	无光	垂直偏振光
T_2	1	0	1	0	水平偏振光	无光	垂直偏振光
W_2	2	0	2	0	水平偏振光	无光	垂直偏振光

第 5 步　对第 4 步运算结果,同时进行 T_2 和 W_2 变换,运算结果如图 4.9(c)所示。解码后得到其运算结果分别为 0000,0100,0000,0000 和 u11u,u0u0,10u0,u11u。同理将 T_2 变换结果修改为 0000,1000,0000,0000 作为下一步的输入。

第 6 步　对第 5 步的运算结果,进行 T_1 变换,其结果如图 4.9(d)所示。解码后为 u11u,00u0,10u0,u11u,作为下面求向量内积运算中加法的输入。至此采用全并行方式,完成了向量-矩阵相乘中对应元素积,其对应的十进制数分别为 -3,

−2,6 和 −3。

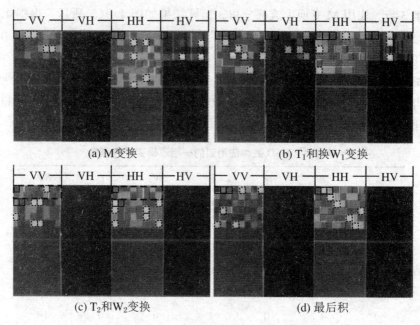

(a) M变换 　　　　　　　　(b) T₁和换W₁变换

(c) T₂和W₂变换 　　　　　　　(d) 最后积

图 4.9　求对应元素积时各步的输出结果

第 7 步　把第 6 步结果作为输入,重复上述第 4～6 步中的变换以完成向量内积运算,即光学向量-矩阵乘积。其结果如图 4.10 所示,各步变换解码后结果分别为 u10u,010u 和 1u01,0u01,01000,00000 和 u0uu1,01uu1,00uu1 和 01uu1,最后 2 个 MSD 数转换为十进制数为 −5 和 3。

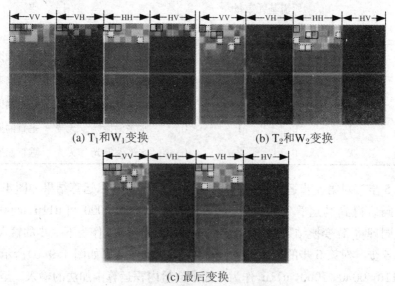

(a) T₁和W₁变换 　　　　　　(b) T₂和W₂变换

(c) 最后变换

图 4.10　相应积相加时每步的输出结果

　　由上述计算过程可以看出,用三值光学计算机求解向量-矩阵乘法能充分发挥其巨位性和并行性。换而言之,TOC 特别适合求解数据量大的数值计算问题,可有效提高算法效率。

本 章 小 结

　　本章重点介绍了三值光学计算机的相关理论、技术及其在数值计算方面的应用。主要包括降值设计理论及其在构造三值光学计算机光学处理器方面的应用,基于 MSD 数字系统的三值光学计算机加法器理论及其在向量-矩阵乘法方面的应用。从下一章开始,我们将重点探讨如何基于排队论分析与评价三值光学计算机性能。

第 5 章　基于 M/M/1 排队系统的三值光学计算机性能分析与评价

如前所述,排队论作为描述随机服务系统工作过程的有力工具,已广泛应用于解决通信、运输、库存、任务调度、资源分配等诸多领域问题,凸显了其强大生命力。另一方面,三值光学计算机虽已在软硬件以及数值计算方面取得许多突破性成就,但其任务管理系统的研究明显存在以下两个方面不足:一是对任务调度策略研究不足,现有调度策略的好坏缺乏相关理论依据,尚未系统全面地从系统性能角度开展深入研究;二是对处理器分配策略的研究也不足,现有处理器分配策略的好坏也缺乏相关理论依据,也尚未系统全面地从系统性能角度开展深入研究。

基于此,从本章开始,将排队论融入三值光学计算机性能分析与评价的建模过程中,并将已有研究成果与不同排队系统相结合,构建描述其服务性能的数学模型,挖掘任务调度策略和处理器分配策略等因素对系统性能的影响规律,从而分析与设计高效任务调度策略和处理器分配策略。

本章将三值光学计算机作为一个服务台,使用最简单的排队模型 M/M/1 对其性能进行分析与评价。

5.1　三值光学计算机计算模式及其任务管理系统模块结构

三值光学计算机的计算模式如图 5.1 所示。在该模型中,Server(服务器)是完成用户计算需求的唯一节点。用户可以通过 Client(客户)和 Network(网络)向 TOC 的 Server 提交任务即运算请求,完成运算后 Server 再将结果反馈给 Client。

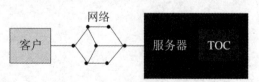

图 5.1　三值光学计算机计算模式

图 5.2 给出了三值光学计算机任务管理系统的模块结构图。其工作流程如下：服务器的运算请求接收模块（request accepting module，RAM）接收到用户提交的运算请求后，将其发送至数据预处理模块（data preprocessing module，DP-PM）；数据预处理模块计算运算请求的优先级并将其插入待调度链表；任务调度模块（task scheduling module，TSM）完成链表中任务的调度，将任务发送到 TOC；处理器分配模块（processor allocating module，PAM）根据按需分配原则为已被调度的任务中的不同运算（假设不超过 15 个）分配光学处理器资源；同时，TOC 的处理器重构模块（processor reconfiguring module，PRM）根据用户不同的计算需求完成光学处理器重构，TOC 运用重构好的处理器模块（optical processor module，OPM）为用户完成运算，解码器模块（decoding module，DM）对运算结果进行解码，并将运算结果发送至运算结果发送模块（result transmitting module，RTM）。最后，RTM 将运算结果反馈至相应的客户。

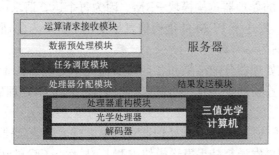

图 5.2　三值光学计算机任务管理系统模块结构图

5.2　三值光学计算机服务模型

首先，基于 M/M/1 排队系统和先到先服务（first come first served，FCFS）策略建立三值光学计算机服务模型。

服务器中有唯一的一个运算请求接收模块 RAM，用于接收用户的包含若干个二元三值逻辑运算的运算请求。为减少传输数据量，每个运算的操作数以通信内码（每个操作数占 2 个二进制位）方式传输至 RAM，即每个字节存放 2 对操作数。因为不同用户可以并发提交运算请求，不同运算请求到达时将按等待制进行排队，因此 RAM 可以用一个 M/M/1 排队系统来表达。以一位二元三值逻辑运算作为运算量的计数单位，假设运算请求到达服从参数为 λ 的指数分布，各运算请求的平均运算量为 μ、接收运算请求的网络传输速度为 ω，则传输数据量为 $\mu/2$，传输数据所需平均时间为 $\mu/2\omega$，单位时间内接收运算请求个数即 RAM 模块的服务速率为 $2\omega/\mu$。也就是说，接收运算请求时 RAM 的服务服从参数为 $2\omega/\mu$ 的指数分布。

RAM 接收完运算请求后，DPPM 便对其进行预处理。数据预处理模块 DP-PM 在服务器中也是唯一的。也就是说，DPPM 也可以用一个 M/M/1 排队系统来表达。设 DPPM 对运算请求中的数据进行预处理的速度为 τ，同理可知 DPPM 服从参数为 τ/μ 的指数分布。

显然，服务器中存在唯一的一个任务调度模块 RSM。虽然已提出适合 TOC 的定时调度策略，该策略可以使光学处理器同时处理多个运算请求，但为简便起见，假设在任意时刻光学处理器至多处理一个运算请求，即 TOC 每处理完一个任务后，RSM 就调度一个任务至 TOC(每次调度多个任务的情况的性能分析比较复杂，将另行讨论)，称该调度策略为运算完成时调度策略，简称为完成时调度策略。

处理器分配模块 PAM 根据任务中各运算的运算量，为各运算进行按需分配光学处理器以确保各运算同时完成，并查找各运算所需光学处理器的重构码，而后将其发送至 TOC 的处理器重构模块 PRM。因为每个运算请求中所包含的不同运算都不超过 15 个，发送至 PRM 的重构信息量变化不大。为此，假设 PAM 完成处理器分配所需时间为一常数。

PRM 接收到处理器分配结果和各运算所需光学处理器的重构码后便进行处理器的重构，各运算器的重构是并行的，因此对给定的光学处理器，其重构所花时间也是一常数。

完成处理器重构后 TOC 光学处理器对数据进行运算，解码器对运算结果进行解码，并把运算结果发送至结果发送模块 RTM。显然，TOC 的运算时间与运算量 μ 和光学处理器的运算速度 δ 有关。

因网络传输速度远小于光学处理器的处理速度，所以 RTM 模块也可以用一个 M/M/1 排队系统表达。因为对二元三值逻辑运算而言，两个操作数得到一个运算结果，所以运算结果的大小为 $\mu/4$。显然，发送运算结果的速度也为网络传输速度 ω。因此 RTM 的服务服从参数为 $4\omega/\mu$ 的指数分布。

从上述分析可以看出，上述各过程构成了一个由 4 个子排队系统串联而成的 4 阶段串联排队系统[57]，如图 5.3 所示。

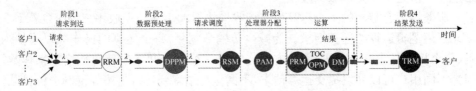

图 5.3　TOC 任务排队模型(参见彩图)

5.3　性能分析与评价模型

　　三值光学计算机的服务质量（quality of service，QoS）不仅包括有效性、可靠性、安全性、吞吐量等，也包括响应时间、任务阻塞概率、立即服务概率、系统平均任务数、等待时间等可用排队论确定的性能指标。下面拟重点从系统响应时间角度分析和评价三值光学计算机性能。响应时间是指从客户端提交运算请求到接收到运算结果的时间。

　　根据上面分析，可以得到 TOC 为运算请求提供计算服务的响应时间 T 可由下面的公式（5.1）计算：

$$T = T_{RA} + T_{DPP} + T_{RS} + T_{RT} \tag{5.1}$$

其中，T_{RA} 表示 RAM 接收运算请求所需平均时间，T_{DPP} 表示对运算请求进行预处理所需平均时间，T_{RS} 表示调度任务并完成运算所需平均时间，T_{RT} 表示将运算结果发送给用户平均时间。

5.3.1　接收时间的计算

　　RAM 可用等待制 M/M/1 排队系统对其建模，由文献[57]和 3.2 节可知该模块接收运算请求的平均响应时间 T_{RA} 可由下面的公式（5.2）求得：

$$T_{RA} = \cfrac{1}{\cfrac{2\omega}{\mu} - \lambda} = \frac{\mu}{2\omega - \lambda\mu} \tag{5.2}$$

其中，λ 表示单位时间内到达的任务数即运算请求的到达速率，μ 表示任务的运算量即传输数据大小，ω 表示接收数据的平均速度。

5.3.2　预处理时间的计算

　　由文献[9]可知，运算请求经 RAM 到达 DPPM 的速率也是 λ。由前面的分析可知，DPPM 同样可用等待制 M/M/1 排队系统对其建模。类似地，可以得到该模块的平均响应时间 T_{DPP}。

$$T_{DPP} = \cfrac{1}{\cfrac{\tau}{\mu} - \lambda} = \frac{\mu}{\tau - \lambda\mu} \tag{5.3}$$

其中，τ 表示 DPPM 对运算请求中的数据进行预处理速度。

5.3.3　运算时间的计算

RSM 进行任务调度时要将一个待计算运算请求中的数据发送至 TOC,并将其从队列中删除。而后 PAM 为其进行光学处理器分配,PRM 为其进行光学处理器重构,OPM 进行光运算,DM 对运算结果进行解码。换句话说,RSM、PAM、PRM、OPM 和 DM 等 5 个模块组合在一起可用等待制 M/M/1 排队系统对其建模。因此,T_{RS} 不但包括任务调度时间,还包括处理器分配时间、处理器重构时间、运算时间和解码时间。

如前所述,PAM 进行处理器分配和 PRM 进行运算器重构所需时间都是一个常数。特别值得一提的是,处理器重构模块 PRM 是 TOC 所特有的,该模块虽然使 TOC 具有了计算的灵活性,但也增加了系统开销。因此,为了分析这两个模块对系统性能特别是平均响应时间的影响,虽是常数,但也不能将其忽略。

如前所述,图 5.2 中 TOC 模块从 RSM 接收到数据待完成光学处理器重构后便对其进行运算,而后 DM 对其进行解码。显然,TOC 的处理速度为 OPM 速度和 DM 速度的较小者。

根据上述分析,假设 RSM 将数据发送至 TOC 的平均传输速率为 Ω,PAM 完成处理器分配时间为常数 C_1,PRM 完成光学处理器重构的时间为常数 C_2,TOC 的处理速度为 δ,则上述 5 个模块 RSM、PAM、PRM、OPM 和 DM 构成的等待制队列的服务速率 π 可由式(5.4)求得:

$$\pi = \frac{1}{\dfrac{\mu}{\Omega} + C_1 + C_2 + \dfrac{\mu}{\delta}} = \frac{\Omega\delta}{\mu(\Omega + \delta) + \Omega\delta(C_1 + C_2)} \tag{5.4}$$

类似地,可由下式计算 T_{RS}:

$$T_{RS} = \frac{1}{\pi - \lambda} \tag{5.5}$$

5.3.4　发送时间的计算

运算结果被发送至 RTM,再被发送至相应的 Client。根据前面的分析和图 5.3,类似地可得到 T_{RT} 的计算公式如下:

$$T_{RT} = \frac{1}{\dfrac{4\omega}{\mu} - \lambda} = \frac{\mu}{4\omega - \lambda\mu} \tag{5.6}$$

将式(5.2)、式(5.3)、式(5.5)和式(5.6)代入式(5.1),得到式(5.7)所示的基于 M/M/1 排队系统的系统总体平均响应时间 T:

$$T = \mu\left(\frac{1}{2\omega - \lambda\mu} + \frac{1}{\tau - \lambda\mu} + \frac{1}{4\omega - \lambda\mu}\right) + \frac{1}{\pi - \lambda} \tag{5.7}$$

5.4　模型仿真与性能分析

为了研究 λ、μ、ω、Ω、τ 等不同参数对系统响应时间 T 的影响,我们对模型进行仿真。相关参数及其含义如下:

任务到达速率 λ:即单位时间内到达的任务数。由(5.7)式可知 T 是 λ 的增函数。

运算量 μ:虽然 TOC 可以进行无进位加法和向量矩阵乘法,但为了简化模型,这里的运算量 μ 只表示各运算请求所包含二元三值逻辑运算的运算量,因为其他运算可以通过二元三值逻辑运算来实现。

网络传输速度 ω:在局域网和广域网中网络传输速度相差很大,TOC 不但面向局域网用户,还有很多广域网用户。因此,用广域网中数据传输速度对 ω 进行模型仿真。

数据预处理速度 τ:DPPM 的功能主要是根据不同的运算将通信内码表示的数据转换成用控制内码表示。显然,τ 与电子计算机的运行速度相关,可达到 GB/s 量级。

本地数据传输速度 Ω:TOC 通过网线与 Server 相连以完成其间的通信。因此,Ω 即局域网的数据传输速度。

TOC 运算速度 δ:TOC 的运算速度目前主要因资金的限制而受限于液晶,但考虑到其并行性,其运算速度仍可达到 GB/s 量级。

为搞清 λ 如何影响响应时间 T,用每小时到达的任务进行模型仿真。运算量 μ 和网络传输速度 ω 的单位分别为 MB 和 MB/s,则 RAM 的服务速率为 $7200\omega/\mu$,即每小时能处理 $7200\omega/\mu$ 个运算请求。

5.4.1　到达率对响应时间的影响

令 $\rho = \max\left\{\dfrac{\lambda\mu}{3600*2\omega}, \dfrac{\lambda\mu}{3600\tau}, \dfrac{\lambda\mu}{3600\varphi}, \dfrac{\lambda\mu}{3600\delta}\right\}$,也就是说,$\rho$ 由 ω、τ、φ 和 δ 中的最小者确定。

一般而言,网络传输速度 ω 最小。当 $\rho < 1$ 时,系统会达到平衡状态。令参数 $\mu = 500$、$\omega = 20$、$\tau = 4$、$\varphi = 50$、$\delta = 5$、$C_1 = C_2 = 0.01$。当然,这些参数都是演示性的,读者可以自由改变。系统达到平衡时,响应时间 T 随 λ 的变化,如图 5.4 所示。

由图 5.4 可以看出,当每小时有一个运算请求到达时系统响应时间 T 约为 48 s。虽然 T 是由多个 M/M/1 排队系统进行串联建模而求得,但当任务到达率

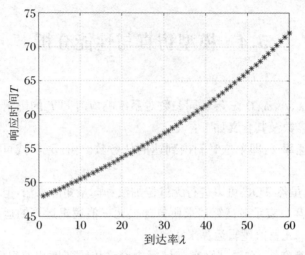

图 5.4　响应时间 T 随 λ 的变化

增加时，T 并非按任务到达的增加而成倍增加，而是基本上呈线性增加。其原因在于虽然每个任务都要经历模型的各阶段，但当系统中同时存在多个任务时各模块间并行工作。

5.4.2　运算量和到达率对响应时间的影响

　　直观上，当运算量增加时响应时间也会随之增加，由(5.7)式可知 T 是 μ 的增函数。当 λ 从 1 增至 60，μ 从 400 增加至 1 000，而其他参数不变时，系统响应时间 T 随 μ 和 λ 的变化如图 5.5 所示。可以看出，系统响应时间 T 随任务到达率 λ 和运算量 μ 的增加而增加。

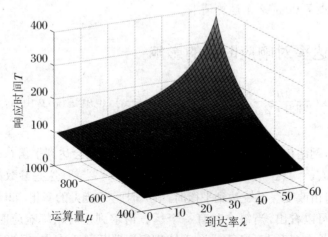

图 5.5　系统响应时间 T 随 λ 和 μ 变化情况(参见彩图)

5.4.3　广域网传输速度对响应时间的影响

当到达率 $\lambda = 30$，广域网传输速度 ω 从 5 MB/s 增至 20 MB/s，而其他参数不变时，系统响应时间 T 随广域网传输速度 ω 的变化趋势，如图 5.6 所示。可以看出，T 随 ω 的增加呈非线性递减趋势，且当 $\omega < 10$ 时 T 随 ω 的增加显著减少，而当 $\omega \geqslant 10$ 时 T 随 ω 的增加基本呈线性递减趋势，但下降幅度明显降低。

5.4.4　本地传输速度对响应时间的影响

当到达率 $\lambda = 30$，本地传输速度 Ω 从 20 MB/s 增至 100 MB/s，而其他参数不变时，系统响应时间 T 随本地传输速度 Ω 的变化趋势，如图 5.7 所示。可以看出，与 ω 与 T 的关系类似，T 随 Ω 的增加呈非线性递减趋势，且当 $\Omega < 60$ 时 T 随 Ω 的增加显著减少，而当 $\omega \geqslant 60$ 时 T 随 Ω 的增加也基本呈线性递减趋势，而且下降幅度也显著降低。

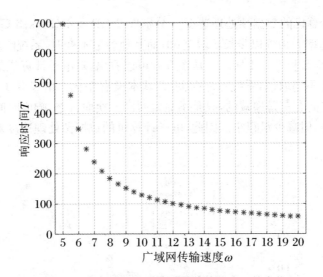

图 5.6　响应时间 T 随广域网传输速度 ω 的变化

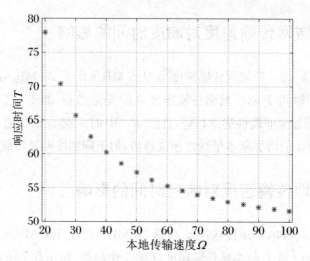

图 5.7　响应时间 T 随本地传输速度 Ω 的变化

5.4.5　数据预处理速度对响应时间的影响

当电子计算机的数据预处理速度 τ 分别取 2 GB/s、4 GB/s、6 GB/s、8 GB/s、10 GB/s,到达率 λ 由 5 以步长 5 增至 60,而其他参数不变时,系统响应时间 T 随 τ 的变化,如图 5.8 和表 5.1 所示。从图 5.8 可以看出,对电子计算机的数据预处理速度 τ 的上述不同取值,系统响应时间 T 基本没有变化。由表 5.1 可以看出,无论哪一行自左向右都是递减的,只是不显著而已。换而言之,响应时间 T 随 τ 的增加呈递减趋势,但减少量很小。因此,电子计算机的数据预处理速度对响应时间的影响很小。

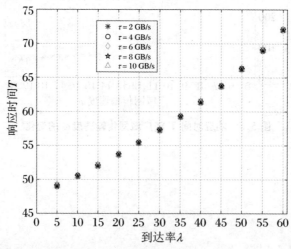

图 5.8　数据预处理速度 τ 分别取 2 GB/s、4 GB/s、6 GB/s、8 GB/s、10 GB/s 对响应时间 T 的影响

表 5.1　不同数据预处理速度 τ 对响应时间 T 的影响

达到率 λ	τ 的不同取值				
	$\tau = 2$ GB/s	$\tau = 4$ GB/s	$\tau = 6$ GB/s	$\tau = 8$ GB/s	$\tau = 10$ GB/s
5	49.211 1	49.086 0	49.044 3	49.023 5	49.011 0
10	50.651 2	50.526 1	50.484 4	50.463 6	50.451 1
15	52.178 9	52.053 7	52.012 0	51.991 1	51.978 6
20	53.803 7	53.678 5	53.636 8	53.615 9	53.603 4
25	55.537 1	55.411 8	55.370 0	55.349 2	55.336 7
30	57.392 1	57.266 7	57.225 0	57.204 1	57.191 6
35	59.384 4	59.258 9	59.217 2	59.196 3	59.183 8
40	61.532 3	61.406 8	61.365 0	61.344 2	61.331 7
45	63.857 9	63.732 3	63.690 6	63.669 7	63.657 2
50	66.387 8	66.262 2	66.220 4	66.199 5	66.187 0
55	69.154 5	69.028 0	68.987 0	68.966 1	68.953 6
60	72.197 8	72.072 0	72.030 2	72.009 3	71.996 8

5.4.6　三值光学计算机运算速度对响应时间的影响

当三值光学计算机的运算速度 δ 分别取 2 GB/s、4 GB/s、6 GB/s、8 GB/s、10 GB/s,到达率 λ 由 5 以步长 5 增至 60,而其他参数不变时,系统响应时间 T 随 δ 的变化,如图 5.9 和表 5.2 所示。从图 5.9 可以看出,与电子计算机的数据预处理速度 τ 对响应时间的影响类似,当 δ 取上述不同值时,系统响应时间 T 基本没有变化。由表 5.2 可以看出,也与电子计算机的数据预处理速度 τ 对响应时间的影响类似,无论哪一行自左向右都是递减的,只是不显著而已。换而言之,响应时间 T 随 δ 的增加呈递减趋势,但减少量很小。因此,三值光学计算机运算速度对响应时间的影响很小。

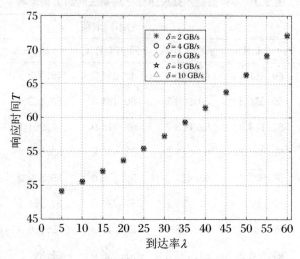

图 5.9　三值光学计算机运算速度 δ 分别取 2 GB/s、4 GB/s、
6 GB/s、8 GB/s、10 GB/s 对响应时间 T 的影响

表 5.2　三值光学计算机不同运算速度 δ 对响应时间 T 的影响

达到率 λ	δ 的不同取值				
	$\delta = 2$ GB/s	$\delta = 4$ GB/s	$\delta = 6$ GB/s	$\delta = 8$ GB/s	$\delta = 10$ GB/s
5	49.236 1	49.111 0	49.069 3	49.048 5	49.036 0
10	50.676 2	50.551 1	50.509 4	50.488 6	50.476 1
15	52.203 9	52.078 7	52.037 0	52.016 2	52.003 6
20	53.828 8	53.703 5	53.661 8	53.640 9	53.628 4
25	55.562 1	55.436 8	55.395 1	55.374 2	55.361 7
30	57.417 2	57.291 8	57.250 0	57.229 2	57.216 7
35	59.409 5	59.284 0	59.242 2	59.221 4	59.208 9
40	61.557 4	61.431 9	61.390 1	61.369 2	61.356 7
45	63.883 0	63.757 4	63.715 6	63.694 8	63.682 2
50	66.412 9	66.287 3	66.245 5	66.224 6	66.212 1
55	69.179 6	69.053 8	69.012 0	68.991 2	68.978 6
60	72.222 9	72.097 1	72.055 3	72.034 4	72.021 9

5.4.7　处理器分配时间和光学处理器重构时间对响应时间的影响

处理器分配时间 C_1 和光学处理器重构时间 C_2 分别取 $C_1 = C_2 = 0.0001$ s、$C_1 = C_2 = 0.001$ s、$C_1 = C_2 = 0.01$ s、$C_1 = 0.1$ s 和 $C_2 = 0.01$ s、$C_1 = 0.01$ s 和 $C_2 = 0.1$ s，其他参数不变时，C_1 和 C_2 对响应时间 T 的影响，如图 5.10 所示。

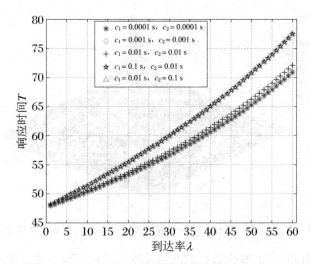

图 5.10　处理器分配时间 C_1 和光学处理器重构时间 C_2 对响应时间 T 的影响(参见彩图)

由图 5.10 可以看出，处理器分配时间和光学处理器重构时间均小于等于 0.01 s 时，对同一到达率其响应时间随这二者的增加略有增加；当 C_1 和 C_2 有一个达到 0.1 s 且到达率大于 20 时，对同一到达率其响应时间随这二者的增加将显著增加；再结合式(5.4)可知 C_1 和 C_2 对响应时间 T 的影响具有同等地位。这就为我们设计处理器分配算法和光学处理器重构部件带来一个重要启示：尽量将其执行时间均控制在 0.01 s 以内。

5.4.8　广域网传输速度和运算量对响应时间的影响

当到达率 $\lambda = 30$，广域网传输速度 ω 从 5 MB/s 增至 20 MB/s，运算量 μ 从 100 MB 增至 600 MB，而其他参数不变时，系统响应时间 T 随 ω 和 μ 的变化趋势，如图 5.11 所示。可以看出，正如我们想象的那样，系统响应时间随网络传输速度 ω 的减小和运算量 μ 的增加而增加；特别地，在 ω 较小时，要尽量控制或者减少运算量，否则响应时间将可能出现异常"陡增"现象。

综上，可以看出只改变其他某些参数如 δ、τV、C_1 和 C_2 时系统响应时间 T 却没有显著变化。换句话说,广域络传输速度 ω 成为该系统的瓶颈,其主要原因在于虽然 T 是 δ、τ 和 ω 的减函数,是 μ 的增函数,但它们的量级不同:δ 和 τ 是 GB 量级,而 μ 和 ω 是 MB 量级。因此,响应时间大小主要由接收时间决定,如图 5.12 所示。

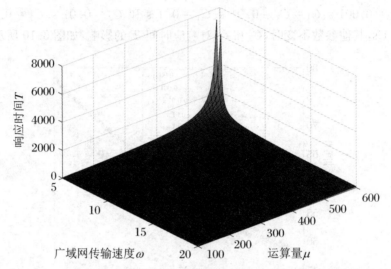

图 5.11　给定 $\lambda = 30$,系统响应时间 T 随广域网传输速率 ω 和运算量 μ 变化情况(参见彩图)

　　由上面的分析可知,减少数据的网络传输时间可以减少系统响应时间,即提高系统效率。显然,减少数据的网络传输时间有三个途径:增加用于接收运算请求的 RAM 数量,提高网络传输速度,减少数据量。显然用多个 RAM 接收运算请求可以提高系统响应时间,可用 M/M/c 对其进行建模,将在后面章节对其进行详细讨论。要大幅度提高网络传输速度需要新技术,因此在现有网络环境下要大幅度提高网络传输速度比较困难。目前系统提供的运算基本都是二元三值逻辑运算,操作数的每一位都用通信内码进行传输,虽然在一定程度上可以减少网络传输数据量,但若采用常规的数学运算符和操作数输入将在很大程度上减少传输数据量,从而提高响应时间。因此,应加快任务管理系统的研究,使用户像使用电子计算机那样使用 TOC。

　　由上述仿真结果,可以看出我们提出的模型不但能够较好地表达 TOC 的服务过程,而且可以揭示系统中各参数影响系统响应时间的规律,从而为提高系统效率提供解决方案。

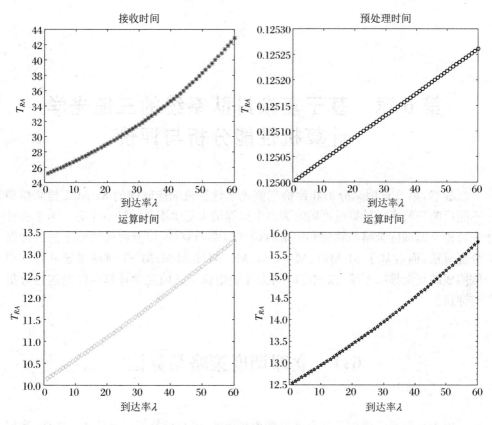

图 5.12　响应时间的各组成部分

本 章 小 结

　　为分析和研究 TOC 的性能,确保服务质量,本文基于 M/M/1 排队系统提出了一个 TOC 服务模型。在分析详细 TOC 任务管理系统各模块功能后,对不同的模块或模块组合基于 M/M/1 排队系统进行建模,而后将其级联,进而得到系统平均响应时间的计算公式。模型仿真显示运算量和广域网传输速度是影响系统响应时间的瓶颈。因此,要提高系统效率就必须分析和设计恰当的任务管理系统,以便用户像使用电子计算机那样使用 TOC,从而减少数据传输量。

第 6 章　基于复杂排队系统的三值光学计算机性能分析与评价

　　显然,第 5 章用来分析和评价三值光学计算机响应时间的 M/M/1 排队模型不能反映三值光学计算机可同时为多个运算请求提供服务的计算生态。本章将首先讨论立即调度策略与算法和完成时调度策略与算法,以及两种策略下的处理器分配算法,而后基于 M/M/1、M/M/m、M^X/M/1 和 M/M^B/1 排队系统并将其串联构成的复杂排队系统,以响应时间为性能指标对三值光学计算机性能进行分析与评价。

6.1　立即调度策略与算法

　　因为三值光学处理器具有巨位性和并行性,可并行处理多个任务。为此,我们先将整个光学处理器数据位资源平均分成 m 等份,构成 m 个可独立使用的小光学处理器,即处理器均分策略。在此策略下当有任务到达时立即对其进行调度,即立即调度(immediate scheduling, IS)策略。

　　对立即调度策略,当运算请求到来时先将其插入到调度队列 Q,而后判断正在使用的小光学处理器数也即正在运行的任务数 N_{Proc} 是否小于 m,若是,则请求调度模块 RSM 立即将其调度到 TOC;否则,直到有小光学处理器空闲时 RSM 再按 FCFS 策略进行调度。处理器均分策略下的立即调度算法如算法 6.1 所示,其流程图如图 6.1 所示。

算法 6.1　立即调度算法

输入:调度队列 Q。

输出:调度的任务 Task,即将其发送至处理器分配模块 PAM 和 TOC。

Step 1:参数初始化。正在运行的任务数 $N_{\text{Proc}} = 0$,将 Q 置空,其长度 $L_Q = 0$。

Step 2:当任务到达并被插入 Q 时,L_Q 增 1,转 Step 4。

Step 3:请求调度模块 RSM 接收到"任务完成"信号时,N_{Proc} 减 1,转至 Step 4。

Step 4：判断 N_{Proc} 是否为 m。若是，转至 Step 7；否则，转 Step 5。

Step 5：判断 L_Q 是否为 0，若为 0，则转至 Step 7；否则，从 Q 中调度一个任务 Task，即将其发送至处理器分配模块 PAM，转 Step 6。

Step 6：L_Q 减 1，N_{Proc} 增 1。

Step 7：算法结束。

由算法 6.1 可知，当正在运行的任务数尚未达到 m 即 $N_{Proc}<m$ 时，每到达一个新的请求都会被立即调度；当 $N_{Proc}=m$ 时，新到达的请求不能被及时调度，要等到有任务完成时才能触发 RSM 进行调度。换而言之，立即调度算法的最大特点是每次最多调度一个任务。因此，对于指定的任务集，在立即调度策略下调度次数达到最大值。

任务被调度后，资源分配模块 PAM 要完成两件事：其一，执行处理器分配算法将某一个空闲的小光学处理器分配给该任务；其二，根据任务所需各二元三值逻辑运算的运算量，执行数据位按比例分配算法将分配给它的小光学处理器数据位资源分配给各二元三值逻辑运算，以确保任务中的各运算同时完成。

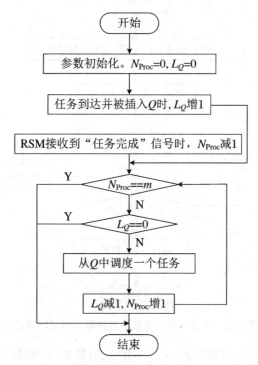

图 6.1　处理器均分策略下的立即调度算法流程图

用长度为 m 的一维数组 S 存储各小光学处理器状态，0 和 1 分别表示空闲和忙。处理器均分策略下处理器分配算法如算法 6.2 所示，其流程图如图 6.2 所示。

算法 6.2 处理器分配算法

输入:长度为 n、存储各小光学处理器状态的一维数组 S。

输出:分配出去的小光学处理器序号 i,即将 i 发送至 TOC。

Step 1:参数初始化。$i = 0$,S 各元素赋初值 0。

Step 2:当有调度任务到达 PAM 时,转 Step 3。

Step 3:判断 i 是否等于 m。若是,转至 Step 5;否则,转至 Step 4。

Step 4:判断 $S[i]$ 是否为 1。若是,i 增 1,转至 Step 3;否则,转 Step 6。

Step 5:给 i 赋值 0,转 Step 3。

Step 6:将 i 发送至 TOC。

因为算法 6.1 确保了有空闲小光学处理器才进行调度,所以算法 6.2 一定能找到一个状态为 0 的小光学处理器,并将其分配出去。处理器释放与回收相对比较简单,主要根据 TOC 发送至 PAM 的信息将所释放小光学处理器对应状态置 0 即可。在此不予讨论。

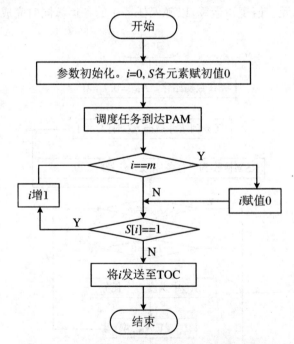

图 6.2 处理器均分策略下处理器分配算法流程图

假设每个小光学处理器拥有 N_{LOP} trit(三值数据位)数据位,任务所需二元三值逻辑运算个数为 N_{Log},各运算的运算量存放在数组 $C[0..N_{Log}-1]$(由 Client 计算出),并用数组 $N_{Alloc}[0..N_{Log}-1]$ 存放为每个运算分配的数据位资源数量。小光学处理器的数据位按比例分配算法如算法 6.3 所示,其流程图如图 6.3 所示。

算法 6.3　**数据位按比例分配算法**

输入:数据位总数 N_{LOP},存放各二元三值逻辑运算的运算量的一维数组 $C[0..N_{Log}-1]$。

输出:存放分配给各二元三值逻辑运算数据位数量的一维数组 $N_{Alloc}[0..N_{Log}-1]$。

Step 1:参数初始化。$i=0$,N_{Alloc} 各元素赋初值 0,任务运算量 $C=0$。

Step 2:判断 i 是否等于 N_{Log}。若是,转至 Step 4;否则,转至 Step 3。

Step 3:$C=C+C[i]$,i 增 1,转至 Step 2。

Step 4:$i=0$。

Step 5:判断 i 是否等于 N_{Log}。若是,转至 Step 7;否则,转至 Step 6。

Step 6:按比例分配数据位,即 $N_{Alloc}[i]=\dfrac{C[i]}{C}\times N_{LOP}$,其中 表示向下取整。$i$ 增 1,转至 Step 5。

Step 7:输出 N_{Alloc}。

由算法 6.3 可以看出,Step 1～Step 3 用于计算任务的运算量,Step 4～Step 7 按比例分配数据位资源。

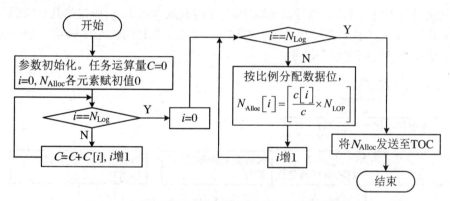

图 6.3　小光学处理器数据位资源按比例分配算法流程图

6.2　完成时调度策略与算法

对立即调度策略,若任务到达率和运算量都较小时,可能造成某些小光学处理器空闲,致使整个光学处理器的利用率降低,从而影响运算时间。调度时除了采用立即调度策略,为提高资源利用率,我们提出计算完成时调度(computing accomplished scheduling, CAS)策略(以下简称完成时调度策略),即当有任务完成时才触发请求调度模块 RSM 进行任务调度。假设 TOC 最多可同时处理 N_{MaxP} 个任务,计算完成时调度算法如算法 6.4 所示,其流程图如图 6.4 所示。

算法 6.4 计算完成时调度算法

输入:调度队列 Q。

输出:调度的任务 Task,即将其发送至处理器分配模块 PAM 和 TOC。

Step 1:系统启动后参数初始化。已调度任务数 $N_{Sch}=0$,Q 的长度 $L_Q=0$。

Step 2:在第一个请求进入 Q 并且 L_Q 增 1 后,将 N_{Sch} 增 1,并用立即调度算法对其进行调度 (L_Q 减 1),转至 Step 7。

Step 3:当其他任务到达并被插入 Q 时,L_Q 增 1,转至 Step 8。

Step 4:请求调度模块 RSM 接到"任务完成"信号时,转 Step 5。

Step 5:判断 L_Q 是否等于 0。若是,则转至 Step 7;否则,在 Q 中调度一个请求,L_Q 减 1,转至 Step 6。

Step 6:N_{Sch} 增 1,判断 N_{Sch} 是否等于 N_{MaxP}。若是,则转至 Step 7;否则,转至 Step 5。

Step 7:将已调度任务和 N_{Sch} 发送至 PAM 和 TOC,并转至 Step 8。

Step 8:算法结束。

由算法 6.4 可以看出,除第一个任务到达用立即调度算法对其调度外,其他任务到达时并不触发 RSM 执行调度算法,只是将其放入请求队列;仅当其接收到"任务完成"信号时才执行调度算法;同时不像算法 6.1 那样每次至多调度一个任务,该算法每次可能调度多个任务。

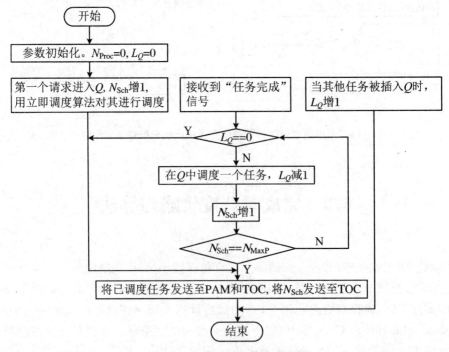

图 6.4 完成时调度算法流程图

为了提高光处理器的利用率并保证同时完成请求,处理器分配模块 PAM 同样按比例分配整个光处理器的数据位资源。假设整个光学处理器的数据位总数为 N,N_{Sch} 个任务中所需二元三值逻辑运算个数最大值为 N_{Max_Log},用一维数组 $C_i[0..N_{i\,Log}-1]$ 存放第 $i(i=0,\cdots,N_{Sch}-1)$ 个任务所需二元三值逻辑运算的运算量,用二维数组 $N_{Alloc}[0..N_{Sch}-1,0..N_{Max\_Log}-1]$ 存放分配结果。计算完成时数据位资源按比例分配算法及其流程图分别如算法 6.5 和图 6.5 所示。

算法 6.5　计算完成时数据位资源按比例分配算法

输入:数据位总数 N,已调度任务数 N_{Sch},$C_i[0..N_{i\,Log}-1]$。

输出:N_{Alloc},即将其发送至 TOC。

Step 1:参数初始化。$i=0,j=0$,N_{Sch} 个任务总运算量 $C=0$,N_{Alloc} 各元素赋初值 0。

Step 2:判断 i 是否等于 N_{Sch}。若是,转至 Step 6;否则,转至 Step 3。

Step 3:判断 j 是否等于 $N_{i\,Log}$。若是,转至 Step 5;否则,转至 Step 4。

Step 4:$C=C_i[j]+C$,j 增 1,转至 Step 3。

Step 5:i 增 1,$j=0$,转至 Step 2。

Step 6:$i=0,j=0$。

Step 7:判断 i 是否等于 N_{Sch}。若是,转至 Step 11;否则,转至 Step 8。

Step 8:判断 j 是否等于 $N_{i\,Log}$。若是,转至 Step 10;否则,转至 Step 9。

Step 9:按比例为第 i 个任务第 j 个运算分配数据位,即 $N_{Alloc}[i,j]=\dfrac{C_i[j]}{C}\times N$,$j$ 增 1,转至 Step 8。

Step 10:i 增 1,$j=0$,转至 Step 7。

Step 11:输出 N_{Alloc}。

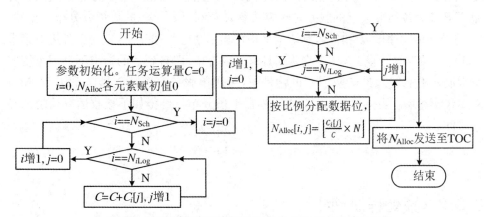

图 6.5　计算完成时数据位资源按比例分配算法流程图

算法 6.5 中 Step 1~Step 5 计算 N_{Sch} 个任务的总运算量 C,Step 6~Step 10 按比例分配光学处理器数据位资源。虽然算法 6.3 与算法 6.5 都是按比例分配光学处理器的数据位资源,但与算法 6.3 不同的是,其分配对象不同:算法 6.3 为一个任务分配一个小光学处理器的数据位资源,而算法 6.5 需要为调度的多个任务分配整个处理器的数据位资源。

6.3　响应时间建模

下面同第 5 章一样,仍然以响应时间为性能指标对 TOC 性能进行分析和评价。同时,仍用图 5.3 对三值光学计算机系统的服务进行建模。由第 5 章可知,处理器分配时间和光学处理器重构时间对响应时间几乎没有影响。因此,在对响应时间建模时将其忽略。这样系统达到平衡状态时,响应时间 T 可用下式表达:

$$T = T_R + T_P + T_C + T_T \qquad (6.1)$$

其中,T_R 表示接收运算请求时间,简称接收时间,指从用户提交运算请求到接收完运算请求的时间;T_P 表示数据预处理时间,简称预处理时间;T_C 表示运算请求从被调度到完成解码的时间,主要是完成运算,故称其为运算时间;T_T 表示将运算结果发送至用户客户端的时间,简称发送时间。同时假设它们彼此统计独立。

6.3.1　接收时间

在现有网速条件下,为减少提交运算请求时传输时间,不再以通信内码而以 ASCII 码表示的高级语言文本形式向三值光学计算机的请求接收模块 RRM 提交运算请求。假设 RRM 接收的各运算请求到达时间间隔服从参数为 λ 的负指数分布,RRM 为各运算请求的服务时间服从参数为 μ_R(服务率)的负指数分布。显然,μ_R 与网络传输速度 ω 和各运算请求平均传输量 η 有关,即 $\mu_R = \omega / \eta$。各运算请求按 FCFS 策略进入队列,且接收队列具有无限容量,即新到达的请求不会因系统容量限制而不能进入排队队列。也就是说,可用单服务窗等待制排队系统 M/M/1 对 RRM 建模。当 $\rho_R = \lambda / \mu_R < 1$ 时,存在平稳分布。可得如下接收运算请求的平均时间:

$$T_R = \frac{1}{\mu_R - \lambda} \qquad (6.2)$$

6.3.2　预处理时间

由前面的分析可知,数据预处理模块 DPPM 进行预处理的运算请求都是 RRM 接收的。因此,可用等待制 M/M/1 排队系统表达 DPPM。也就是说,进入阶段 2 的运算请求不会因空间不够而离去。

同样,由文献[9]可知,运算请求到达 DPPM 的到达时间间隔仍服从参数为 λ 的负指数分布。假设 DPPM 将运算转换成二元三值逻辑运算的运算量为 C,将数据转化成控制内码的速率为 τ,则其服务速率 $\mu_P = \tau/C$。当 $\rho_P = \lambda/\mu_P < 1$ 时,将公式(5.2)直接应用于计算数据预处理时间,可得

$$T_P = \frac{1}{\mu_P - \lambda} \tag{6.3}$$

6.3.3　运算时间

RRM 按 FCFS 策略对运算请求调度后将运算请求发送至 TOC 的光学处理器(optical processor,OP),同时资源分配模块 PAM 为已调度的各运算请求分配光学处理器,并将分配结果及所分配处理器的重构码发送至 TOC。TOC 光学处理器 OP 的重构模块 PRM 以全并行方式完成重构后,编码器对控制内码表示的数据进行编码,即将电信号转换成光信号,而后光学处理器便对其进行光计算,最后解码模块 DM 将运算结果转换成以 ASCII 码表示的数据。

因为光学处理器 OP 具有巨位性,例如 2015 年搭建的 TOC 计算平台的数据位已达千位,可以并行处理多个运算请求。显然,前述两种不同的调度策略和处理器分配策略,计算运算时间时所用模型及其状态转移图不同。也就是说,两种不同的策略下运算时间的计算方法不同。下面分别加以讨论。

1. 处理器均分策略和立即调度策略下的运算时间

在立即调度策略下,请求调度模块 RSM 完成调度后,处理器分配模块 PAM 首先执行算法 6.2 完成处理器的分配,而后执行算法 6.3 以按比例分配策略将一个小光学处理器的数据位分配给已调度任务的各二元三值逻辑运算,以保证该任务中的各运算同时完成。假设光学处理器的数据位总数为 N,它被均分为 m 个可独立使用的小光学处理器,则每个小光学处理器的三值数据位数为 $N_{DT} = \lfloor N/m \rfloor$。

立即调度策略下,对阶段 3,可用 M/M/m 排队系统对其建模,其中 m 为相互独立的小光学处理器总数。计算运算时间 T_C 的时齐 CTMC 模型状态转移图如图 6.6 所示,其中 $\mu_C = \mu/m$ 表示每个小光学处理器及相应解码器的服务强度,μ 为整个光学处理器的平均服务强度,即 $\mu = \delta/C$,其中 δ 表示整个光学处理器的运算速度。$0 \le k < n$ 时状态 k 表示有 k 个小光学处理器正在分别处理一个运算请求,其余的空闲;$k \ge m$ 时,每个小光学处理器均忙着运算,而余下的 $k - m$ 个运算请求排队等候服务。

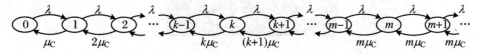

图 6.6　立即调度策略下光学处理器服务模型的状态转移图

该策略下运算请求到达阶段 3 的到达率也为 λ。记 $\rho_{\mathrm{C1}} = \dfrac{\lambda}{\mu_{\mathrm{C}}} = \dfrac{n\lambda}{\mu}$，$\rho_{\mathrm{C}} = \dfrac{\rho_{\mathrm{C1}}}{n} = \dfrac{\lambda}{\mu}$。当 $\rho_{\mathrm{C}} < 1$ 时系统存在平稳状态。由图 6.6 可列出平衡条件下 K 氏方程组，并求得相应平稳分布：

$$
P_k = \begin{cases} \dfrac{\rho_{\mathrm{C1}}^k}{k!}\, P_0 = \dfrac{(m\,\rho_{\mathrm{C}})^k}{k!}\, P_0, & 0 \leqslant k < m \\[3mm] \dfrac{\rho_{\mathrm{C1}}^k}{m!\,m^{k-m}}\, P_0 = \dfrac{m^m\,\rho_{\mathrm{C}}^k}{m!}\, P_0, & m \leqslant k \end{cases}
$$

于是，结合正则性条件 $\displaystyle\sum_{k=0}^{\infty} P_k = 1$，可得系统到达平稳状态时的空闲概率

$$
P_0 = \left[\sum_{k=0}^{m-1} \frac{\rho_{\mathrm{C1}}^k}{k!} + \frac{\rho_{\mathrm{C1}}^m}{m!(1-\rho_{\mathrm{C}})} \right]^{-1}
$$

平均运算请求数

$$
N_{\mathrm{C}} = \frac{\rho_{\mathrm{C}}\,\rho_{\mathrm{C1}}^m\, P_0}{m!(1-\rho_{\mathrm{C}})^2} + \rho_{\mathrm{C1}}
$$

于是，由 Little 公式，可得平均运算时间

$$
T_{\mathrm{C}} = \frac{N_{\mathrm{C}}}{\lambda} \tag{6.4}
$$

2. 完成时调度策略下的运算时间

在该调度策略下，RSM 每次执行算法 6.4 进行任务调度时从 Q 中调度 i（$0 \leqslant i \leqslant N_{\mathrm{MaxP}}$）个任务，PAM 执行算法 6.5 以按比例分配策略将整个光学处理器被分成 i 个小光学处理器为其提供服务。调度后，已调度的 i 个任务同时到达 TOC，而后 TOC 成批地为它们提供计算服务。为简化计算，我们用部分批服务系统 $\mathrm{M/M}^B/1$ 对该过程进行建模，其中 B 为批服务最大运算请求数，也即 N_{MaxP}。此时，TOC 计算过程的服务模型状态转移图，如图 6.7 所示。

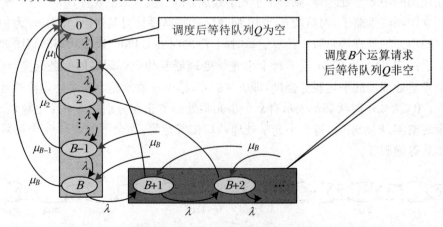

图 6.7 完成时调度策略下光学处理器服务模型的状态转移图

图 6.8 展示了从某时刻开始调度队列 Q 的状态发展过程。纵轴 X 表示调度队列中运算请求数,横轴表示时间。t_1、t_2、t_3 和 t_4 表示光学处理器完成运算时刻,也即 RSM 进行调度时刻(忽略任务调度所需时间)。t_1 和 t_4 时刻 Q 中运算请求数没有达到批服务的最大值 B,RSM 采用 FCFS 策略调度 Q 中所有运算请求;而 t_2 和 t_3 时刻 Q 中运算请求数已超过 B,RSM 采用 FCFS 策略调度 Q 中 B 个运算请求。

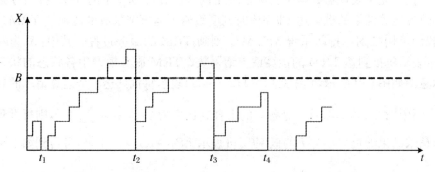

图 6.8　完成时调度策略下光学处理器服务模型调度队列状态动态变化示意图

根据图 6.7,可得平衡条件下 K 氏方程组:
$$-\lambda P_0 + \mu(P_1 + P_2 + \cdots + P_B) = 0,$$
$$-(\lambda + \mu)P_k + \lambda P_{k-1} + \mu P_{k+B} = 0, \quad k \geqslant 1 \tag{6.5}$$

用算子法[1]可将式(6.5)改写为
$$(\mu D^{B+1} - (\lambda + \mu)D + \lambda)P_k = 0, \quad k \geqslant 0 \tag{6.6}$$

其中,$DP_k = P_{k+1}$。令(6.6)式的特征方程为 $f(x) = \mu x^{B+1} - (\lambda + \mu)x + \lambda = 0$,由文献[1]可知,该特征方程在区间(0, 1)内存在唯一的根。设该根为 x_0,再结合正则性条件 $\sum\limits_{k=0}^{\infty} P_k = 1$,可得

$$P_k = (1 - x_0)x_0^k, \quad k \geqslant 0$$

于是,可得运算时间

$$T_C = \frac{x_0}{\lambda(1 - x_0)} \tag{6.7}$$

6.3.4　发送时间

显然,计算发送时间与计算运算时间类似,即与调度策略与算法和处理器分配策略与算法有关。假设运算结果平均大小为 R,则运算结果发送模块 TRM 的平均服务速率 $\mu_T = \omega/R$。下面同样分两种情况讨论不同策略下发送时间的计算。

1. 处理器均分策略和立即调度策略下的发送时间

计算处理器均分策略和立即调度策略下的发送时间,也即在算法 6.1、算法 6.2

和算法 6.3 下计算发送时间。显然,在这两个策略下运算结果仍按到达率 λ 一个一个地到达 TRM,故可用 M/M/1 排队系统对其建模。类似地,可得发送时间为

$$T_T = \frac{1}{\mu_T - \lambda} \tag{6.8}$$

2. 完成时调度策略下的发送时间

完成时调度策略下的发送时间,也即计算执行算法 6.4 和算法 6.5 时的发送时间。整个光学处理器数据位资源在按比例分配算法 6.5 下的 TOC 批服务必定会导致各运算结果的批到达,即完成时调度策略下运算结果成批地到达 TRM。因此,我们可用批到达排队系统 $M^X/M/1$ 刻画 TRM 的服务过程。其中:X 为随机变量,表示每批到达 TRM 的运算请求结果数。TRM 服务模型中各状态的状态转移示意图如图 6.9 所示,其中 $\lambda_i (i=1,2,\cdots,B)$ 表示每批到达 i 个运算请求的到达速率,图中 $X \in \{1,2,3,4\}$。令各 λ_i 的组合到达率为 λ,即 $\lambda = \sum_{i=1}^{B} \lambda_i$,则每批到达运算请求结果的批大小为 i 的概率 P_{Bi} 可表示为 $P_{Bi} = \lambda_i / \lambda$。于是,可得到如下平衡方程:

$$- \lambda P_0 + \mu_T P_1 = 0$$

$$- (\lambda + \mu_T) P_k + \mu_T P_{k+1} + \lambda \sum_{i=1}^{B} P_{B-i} P_{Bi} = 0 \tag{6.9}$$

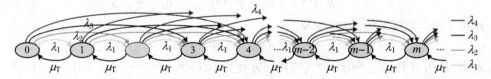

图 6.9   任务结束时调度策略下发送模型的状态转移示意图(参见彩图)

下面采用母函数法[1]求解式(6.9)。为此先给出如下定义:

$$P_B(z) = \sum_{i=1}^{\infty} P_{Bi} z^i, \quad P(z) = \sum_{i=0}^{\infty} P_i z^i, \quad |z| \leqslant 1 \tag{6.10}$$

它们分别表示批大小为 i 的概率 $\{P_{Bi}\}$ 和稳态概率 $\{P_i\}$ 的母函数。通常,批大小概率 $\{P_{Bi}\}$ 都是已知的,将 $P_B(z)$ 看作输入,先求得 $P(z)$ 进而求得稳态概率 $\{P_i\}$。为此,将式(6.9)两边同乘以 z^i,而后相加可得

$$- \lambda \sum_{i=0}^{\infty} P_i z^i - \mu_T \sum_{i=1}^{\infty} P_i z^i + \frac{\mu_T}{z} \sum_{i=1}^{\infty} P_i z^i + \lambda \sum_{i=1}^{\infty} \sum_{k=1}^{n} P_{i-k} P_{Bk} z^i = 0 \tag{6.11}$$

而

$$\sum_{i=1}^{\infty} \sum_{k=1}^{n} P_{i-k} P_{Bk} z^i = \sum_{k=1}^{\infty} P_{Bk} z^k \sum_{i=k}^{\infty} P_{i-k} z^{i-k} = P_B(z) P(z)$$

这样根据(6.10)式可将(6.11)式改写为

$$- \lambda P(z) - \mu_T [P(z) - P_0] + \frac{\mu_T}{z} (P(z) - P_0) + \lambda P_B(z) P(z) = 0$$

解得

$$P(z) = \frac{\mu_T P_0 (1-z)}{\mu_T (1-z) - \lambda z [1 - P_B(z)]}, \quad |z| \leqslant 1 \tag{6.12}$$

结合正则性条件 $\sum\limits_{k=0}^{\infty} P_k = 1$，并注意到 $\lim\limits_{z \to 1} P(z) = 1$。对式 (6.12) 两边取极限得

$$\lim_{z \to 1} P(z) = \frac{\lim\limits_{z \to 1} \mu_T P_0 (1-z)}{\lim\limits_{z \to 1} \mu_T (1-z) - \lambda z [1 - P_B(z)]}$$

运用洛必达法则，可求得

$$1 = \frac{\mu_T P_0}{\mu_T - \lambda P'_B(1)}$$

解得

$$P_0 = 1 - \frac{\lambda P'_B(1)}{\mu_T}$$

而

$$P'_B(1) = \lim_{z \to 1} \sum_{i=1}^{\infty} i P_{Bi} z^{i-1} = E(X)$$

其中，$E(X)$ 表示 X 的数学期望，即每批到达运算请求的均值。令 $\rho_T = \lambda E(X)/\mu_T$，式 (6.12) 关于 z 求导后取极限得 TRM 中平均运算请求数如下：

$$N_T = \lim_{z \to 1} P'(z) = \frac{2\rho + \frac{\lambda}{\mu_T} P''_B(1)}{2(1 - \rho_T)} \tag{6.13}$$

而 $P''_B(1) = E(X^2) - E(X)$，将其代入 (6.13) 式，可得

$$N_T = \frac{\rho + \frac{\lambda}{\mu_T} E(X^2)}{2(1 - \rho_T)}$$

由 Little 公式得 TS 发送运算结果的平均时间为

$$T_T = \frac{E(X) + E(X^2)}{2\mu_T (1 - \rho_T)} \tag{6.14}$$

最后，将式 (6.2)、式 (6.3)、式 (6.4)、式 (6.8) 代入式 (6.1) 得处理器均分策略和立即调度策略下系统平均响应时间 T；将式 (6.2)、式 (6.3)、式 (6.7)、式 (6.14) 代入式 (6.1) 可得完成时调度策略下系统平均响应时间 T。

6.4　模型仿真与性能分析

为说明上面已取得结果的应用，下面将通过数值仿真实验研究不同调度策略以及不同参数对系统响应时间的影响。

6.4.1　参数设置

为研究处理器均分策略和立即调度策略及完成时调度策略两种不同情况对系统响应时间的影响,仿真时各参数的取值如下:运算请求每小时内的平均到达速率 $\lambda \in \{2*i-1, 0 < i \leqslant 50, i \in N\}$;网络平均传输速度 $\omega = 20$ MB/s;以 ASCII 方式提交运算请求平均大小 $\eta = 1$ MB,以 ASCII 方式返回运算结果平均大小 $R = 0.2$ MB;因为三值光学计算机特别适合处理大数据,假设各运算请求的平均运算量 $C = 100$ GB。同第 5 章一样,数据预处理模块 DPPM 的处理速度 $\tau = 4$ GB/s;光学处理器的处理速度 $\delta = 5$ GB/s。TOC 光学处理器能同时处理的任务数最大值 $N_{MaxP} = 4$,也即每批处理运算请求数最大值 $B = 4$。令 $\rho = \max\{\rho_R, \rho_P, \rho_C, \rho_T\}$。对完成时调度策略,显然当 λ 较小时虽然 B 等于 4,但因任务到达时间间隔较大,光学处理器每批处理器的请求数都为 1;随着 λ 的增加批处理量会逐步增加。为计算 $E(X)$ 和 $E(X^2)$,以向量 $B = [b_1, b_2, b_3, b_4]$ 表示不同 λ 调度向量,其中,$b_i(i=1, 2, 3, 4)$ 表示每次调度 i 个运算请求的次数。显然,它们增加的概率不同,i 越大 b_i 增加的概率越小。为此,假设 $1 \leqslant \lambda \leqslant 40$ 时每次调度请求数都为 1,即 λ 每增加 1,b_1 增 1;$41 \leqslant \lambda \leqslant 70$ 时分别以 2/3 和 1/3 的概率增加 b_1 和 b_2;$71 \leqslant \lambda \leqslant 90$ 时分别以 1/2、1/3 和 1/6 的概率增加 b_1、b_2 和 b_3;$91 \leqslant \lambda \leqslant 100$ 时分别以 4/10、3/10、2/10 和 1/10 的概率增加 b_1、b_2、b_3 和 b_4。因为光学处理器处理完运算请求后成批到达运算结果发送服务器 TRM。因此,B 也即不同 λ 的 TRM 服务向量。

同样,上述参数也都是演示性的,即都可以更改以取得不同的仿真结果。

6.4.2　不同调度策略下系统响应时间

显然,对上述不同参数的取值 $\rho < 1$,即系统会达到平稳状态。在 Matlab R2016a 平台上,对上述两种不同任务调度策略下响应时间模型进行数值仿真。在上述各参数的作用下,系统响应时间 T 的仿真结果如表 6.1 和图 6.10 所示。

表 6.1　两种不同调度策略下的响应时间仿真结果

运算请求到达率 λ	响应时间 T		
	立即调度策略/s	完成时调度策略/s	二者比率
1	105.234 83	45.234 83	2.326 41
3	105.591 93	45.611 92	2.315 01
5	105.959 39	46.009 30	2.303 00
…	…	…	…

运算请求到达率 λ	响应时间 T		
	立即调度策略/s	完成时调度策略/s	二者比率
95	163.973 86	96.001 23	1.708 04
97	168.172 05	98.921 18	1.700 06
99	172.754 46	102.343 69	1.687 98

可以看出,无论哪种调度策略,响应时间 T 都随请求到达率 λ 的增加而增加;对 λ 的任一取值完成时调度策略的响应时间明显优于立即调度策略下的响应时间,其原因是当系统中运算请求数比较少时立即调度策略不能充分利用光学处理器资源;当 λ 取值较小时后者约是前者的 2 倍,随着 λ 的增加,二者的比值呈减小趋势,其原因是当到达率比较高时立即调度策略会提高光学处理器的利用率,从而使二者的差距变小。

虽然在立即调度策略下整个光学处理器被均分成 4 个可独立小光学处理器,每调度一个任务时都分配一个小光学处理器,而在完成时调度策略下每次都将整个光学处理器分配给已调度的任务,但在请求到达率较小时,如小于 10,计算完成时任务调度策略下的响应时间并非立即调度策略下响应时间的四分之一左右。其原因是响应时间不但包括计算时间,还包括运算请求接收时间、数据预处理时间以及运算结果发送时间。两种不同调度策略下响应时间各组成部分仿真结果如图 6.11 所示。

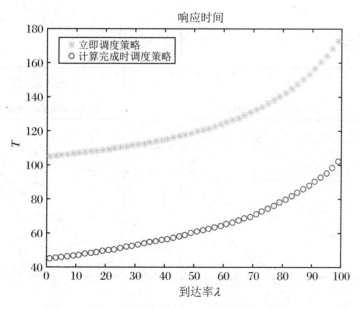

图 6.10 两种不同调度策略下系统响应时间仿真结果

由图 6.11 可以看出,无论哪种调度策略,决定系统响应时间大小的因素都是预处理时间和计算时间。因为接收和发送的数据量相对于预处理和计算极小,所以接收时间和发送时间对其影响很小。由图 6.11(a)和(d)可以看出,请求接收时间和立即调度策略下的运算结果发送时间随到达率的增加呈线性增加,但增加幅度极小。

由图 6.11(c)和(e)可以看出,两种不同调度策略下的计算时间都随到达率的增加非线性增加,即先缓慢增加而后快速增加,但完成时调度策略下计算时间增加幅度极小。再结合表 6.2 可以看出,在请求到达率比较小时,在立即调度策略下,只使用整个光学处理器的 1/4,而完成时调度策略下,使用整个光学处理器,所以前者约是后者的 4 倍。同时,随着到达率的增加,在立即调度测量下虽然光学处理器可能会得到较充分利用,但其计算时间有较明显增加,而完成时调度策略下的计算时间增加甚微。这在一定程度上凸显了完成时调度策略的良好性能。

由图 6.11(f)可以看出,完成时调度策略下的发送时间整体上随到达率增加呈增长趋势,但因为随机性而具有一定的波动性。同图 6.11(d)相比,当到达率较大时完成时调度策略下的发送时间较立即调度策略下发送时间在性能上会大幅度降低,其可能原因是批到达导致等待服务。

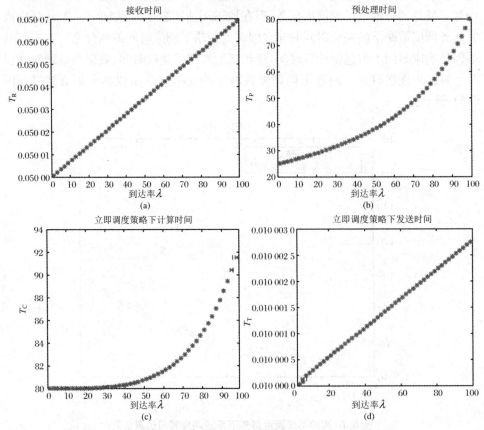

图 6.11 两种不同调度策略下响应时间各组成部分仿真结果

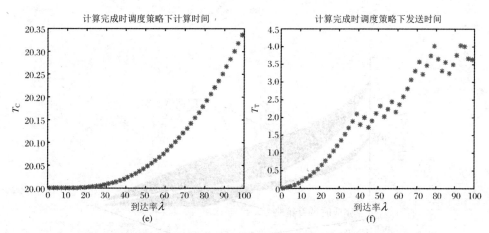

图 6.11　两种不同调度策略下响应时间各组成部分仿真结果(续)

运算量 C 以 1 GB 为步长从 10 GB 增加到 100 GB，到达率 λ 以 1 为步长从 2 增加到 100，其他条件不变时，两种不同调度策略下系统响应时间仿真结果如表 6.2 和图 6.12 所示。容易看出，对相同的运算请求到达率 λ 和运算量 C，不管其值如何，完成时调度策略的响应时间都显著优于立即调度策略。特别地，当到达率越高、运算量越大时完成时调度策略的优先性越显著。

表 6.2　两种不同调度策略下的计算时间仿真结果

运算请求到达率 λ	响应时间 T		
	立即调度策略/s	完成时调度策略/s	二者比率
1	80.000 000 17	20.000 000 02	4.000 000 01
3	80.000 013 42	20.000 001 44	4.000 000 38
5	80.000 102 04	20.000 010 67	4.000 002 97
7	80.000 386 22	20.000 039 27	4.000 011 46
9	80.001 039 89	20.000 102 84	4.000 031 43
...	...	...	...
93	89.468 397 18	20.283 468 55	4.410 902 25
95	90.444 406 73	20.300 601 94	4.455 257 39
97	91.516 239 07	20.318 294 92	4.504 129 87
99	92.694 392 71	20.336 549 06	4.558 019 77

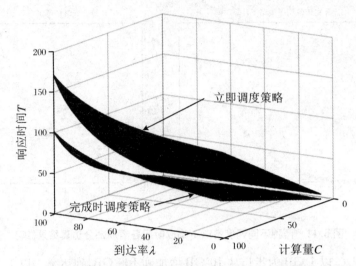

图6.12　两种不同策略下运算量和到达率对响应时间的影响(参见彩图)

6.4.3　并行处理任务数最大值对响应时间的影响

在光学处理器位数确定情况下,考虑只改变光学处理器并行处理任务数最大值 N_{MaxP},其分别值取 2,3,4,5,而相对于 6.4.2 节中的其他参数不变。在两种不同调度策略下,对响应时间进行数值仿真。仿真结果如图 6.13 所示,部分数据如表 6.3 所示。

表 6.3　两种不同调度策略下并行处理任务数最大值对响应时间影响

策略	N_{MaxP}	响应时间									
		$\lambda=10$	$\lambda=20$	$\lambda=30$	$\lambda=40$	$\lambda=50$	$\lambda=60$	$\lambda=70$	$\lambda=80$	$\lambda=90$	$\lambda=100$
完成时调度	2	47.522	51.390	56.723	63.628	69.851	74.948	80.423	88.514	99.084	114.053
	3	47.469	51.205	56.350	63.025	66.856	72.713	78.928	86.656	98.201	111.451
	4	47.466	51.187	56.299	62.924	67.715	73.532	78.581	85.698	98.116	115.060
	5	47.466	51.184	56.292	62.906	68.780	75.827	83.078	89.348	99.097	115.453
立即调度	2	67.029	69.525	72.667	76.633	81.684	88.208	96.803	108.429	124.717	148.650
	3	86.938	89.191	91.968	95.457	99.911	105.695	113.359	123.790	138.490	160.235
	4	106.927	109.116	111.750	115.005	119.128	124.468	131.550	141.214	154.884	175.195
	5	126.926	129.098	131.677	134.819	138.753	143.814	150.511	159.649	172.600	191.906

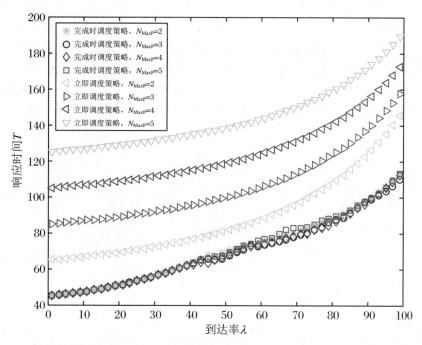

图 6.13　两种不同调度策略下光学处理器并行处理任务数最大值对响应时间的影响(参见彩图)

由表 6.3 和图 6.13 容易看出：

(1) 对任一到达率,完成时调度策略下的响应时间明显小于立即调度策略下的响应时间。

(2) 对完成时调度策略,从整体上看,当 N_{MaxP} 增加时响应时间 T 没有太大变化：当到达率 λ 小于 40 时,响应时间 T 随 N_{MaxP} 的增加呈减少趋势,但减少的量甚微；当 λ 大于 40 时,因为随机性,响应时间 T 随 N_{MaxP} 的增加具有一定的波动性。

(3) 对立即调度策略,对任一到达率,当 N_{MaxP} 增加时其响应时间呈增加趋势且响应时间随到达率 λ 的增加响应时间的增加量呈减少趋势。换而言之,在立即调度策略下均分成的且可独立运行的小光学处理器数越大,性能越低。因此,N_{MaxP} 的增加会显著降低立即调度策略下三值光学计算机性能,但会在一定程度上提高完成时调度策略下三值光学计算机性能。

本 章 小 结

本章基于复杂排队系统提出了三值光学计算机性能分析与评价模型,同时提出了立即调度策略与算法和完成时调度策略与算法。基于 M/M/1 和 M/M/m 排队系统将其串联构成了复杂排队系统并详细讨论了立即调度策略下三值光学计算机响应时间的计算方法；基于 $M/M/1$、$M^X/M/1$ 和 $M/M^B/1$ 排队系统将其串联构成了构成的复杂排队系统，探讨了完成时调度策略下三值光学计算机响应时间的计算方法。数值实验和模型仿真对两种调度策略下系统性能进行比较和分析。结果表明完成时调度策略下三值光学计算机的性能明显优于立即调度策略；后面的章节将基于休假排队系统研究三值光学计算机的利用率、平均队长等性能指标。特别说明，对不同的参数设置得到的结论可能差别很大，请参考文献[58]。

第7章　基于同步多重休假的三值光学计算机性能分析与评价

第6章建立的性能分析与评价模型虽然反映了 TOC 能并行处理多个运算请求,但该模型却未刻画某个或某些光学处理器因故障需要维修或整个光学处理器需要定期维护的事实。为此,本章拟用休假排队建立 TOC 性能分析与评价模型。

7.1　休假排队相关知识

同经典排队系统相比,休假排队系统不仅更能真实地反映服务会中断的事实,同时还为系统的过程控制和优化设计提供了灵活性。所谓休假排队系统是指利用闲期对服务设施进行调试维修或者服务员在闲期中去休假的排队系统,如图 7.1 所示。图中横线上方和下方的斜箭头分别表示任务到达和接受完服务后离开。一个完整的休假策略不仅包括休假开始和结束规则,还包括休假时间的分布。根据休假开始规则,可分为空竭服务休假[59,60]和非空竭服务休假[61]。空竭服务系统中,只有系统中无任务时才能开始休假;而非空竭机制是指系统可在有任务的情况下开始休假。根据休假结束规则,可分为单重休假和多重休假[59-64]。多重休假规则中,当休假结束时系统仍然空闲,就接着开始一个新的独立、同分布休假,直到某个休假结束时系统中有顾客等待服务,服务员就结束休假开始服务[63-65]。

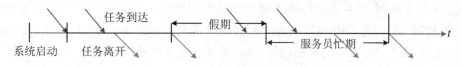

图 7.1　休假排队系统示意图

多年来,许多专家和学者对休假排队进行了广泛的理论研究,提出了解决休假排队的一些方法,如矩阵分析法[66,67]、矩阵几何法[10,65]等。同时,将休假排队系统应用于生产系统[62,68]、轮询系统[69]、云计算系统[70,71]等,对其进行性能分析与评价。

由于 TOC 光学处理器的特殊性,如巨位性、可重构性、按位可分配性,这些性能与分析评价模型,特别是用于云计算系统的,都不能直接适用于 TOC。为此,本文先给出基于串行和休假排队 TOC 服务模型,以及处理器均分策略下任务调度和处理器分配算法,而后选取平均响应时间、系统平均任务数等重要指标,使用 M/M/1 排队系统和带同步多重休假的 M/M/m 排队系统对系统性能进行分析和评价。

7.2　带休假的三值光学计算机四阶段服务模型

为运用休假排队分析三值光学的服务性能,首先建立基于带休假的排队建立三值光学计算机服务模型,如图 7.2 所示。同图 5.3 相比,仅多了 TOC 休假部分。可以看出,在无休假时该模型同第 5 章和第 6 章一样都由阶段 1～阶段 4 四个阶段串联而成。假设各阶段中的队列都是阻止请求延迟的(blocked request delay),而且排队规则仍都是先到先服务 FCFS(first come, first served)。显然,每个运算请求或任务同样都要依次经历图 7.2 中的 1～4 四个阶段,休假是指三值光学计算机的光学处理器(optical processor,OP)休假。

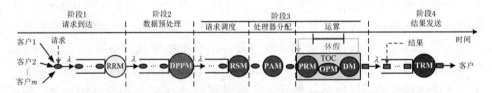

图 7.2　带休假的三值光学计算机服务模型(参见彩图)

在阶段 1,请求接收模块 RRM 将待接收的运算请求按 FCFS 策略存入第一个队列即请求队列,并从非空请求队列中取出一个请求,将其发送至数据预处理模块 DPPM,从而将接收到的运算请求转换成 TOC 待处理的任务。

在阶段 2,DPPM 将 RRM 发送过来的任务按 FCFS 策略插入第二个队列即待预处理任务队列,并从非空待预处理任务队列中取出一个任务。由于所处理的数据是 MSD 的,因此 DPPM 要把用户输入的十进制数据转换成 MSD 数据,而后根据运算生成光学处理器的控制信号,最后将其发送至 RSM。

阶段 3 与其他阶段不同,它包含请求调度模块 RSM、处理器分配模块 PAM 以及由光学处理器重构模块 PRM、光学处理器模块 OPM 和解码器 DM 组成的三值光学计算机等多个部件构成,并由 RSM 驱动。下面详细讨论空竭服务多重休假的 TOC 服务模型。在该模型中,TOC 的光学处理器有"空闲""休假""工作"三种状态。这三种状态间的转移图如图 7.3 所示。

由图 7.3 可以看出三种不同状态间相互转换的特点:"工作"与"空闲"以及"休

图 7.3　三种状态间的转移图

假"与"空闲"之间可以直接相互转换,但"工作"与"休假"间却不能直接相互转换。

阶段 3 的整个流程如图 7.4 所示。由图 7.4 可以看出,在该阶段 RSM 首先将接收到任务按 FCFS 策略插入第三个队列即调度队列,而后首先查看 TOC 是否处于"休假"状态。若 TOC 处于"休假"状态,则等待;否则查看是否存在"空闲"处理器。若不存在,则继续等待;否则,按照某种调度策略调度若干任务,即将相关数据发送至下位机即 TOC,同时按资源分配策略为刚调度的任务分配 OP 资源,并将分配信息和重构指令发送至下位机。TOC 的 PRM 根据分配信息和重构指令按位重构运算器,而后取以控制信号表达的运算数据,OP 使用控制信号进行并行运算,DC 对光信号表示的运算结果进行解码即将其转换为 MSD 数据,并判断其是否参与下一个逻辑运算。若其参与则将其发送至 OP,否则将其发送至运算结果发送模块 TRM。在 OP 进行运算的同时,TOC 判断是否有未完成运算的数据。若有,则继续取数据;否则,TOC 向 RSM 发送"第 j 个任务完成"信号。RSM 接收到该信号后判断调度队列是否为空且所有 OP 均空闲。若是,RSM 向 TOC 发送"休假"信号,TOC 开始一随机长度的休假。休假结束时,TOC 向 RSM 发送"休假结束"信号。RSM 接收到该信号后再次判断调度队列是否为空且所有 OP 均空闲,并做相应处理。可以看出,这里的休假(vacation)并非指整个系统休假,而是特指 TOC 的光学处理器和解码器休假,且是空竭服务同步休假。

在阶段 4,TRM 将 TOC 发送过来的以 MSD 数据表示的运算结果按 FCFS 策略加入第四个队列即结果队列,并从非空结果队列中依次取出用户运算结果,或许根据需要将其转换成十进制数据,而后将其发送至相应用户。

7.3　带同步休假的任务调度

TOC 因其具有独特的特点,使其调度策略也与其他类型的并行计算系统,如云计算不同。本章仍使用第 6 章所提出的处理器均分策略将整个光学处理器分成若干个小的光学处理器以供用户使用。而后在此策略下讨论带休假的任务调度问题。本文中的任务调度不但将调度队列 Q 队首的任务发送至下位机 TOC,并将其删除,还获取该任务中的二元三值逻辑运算个数、各逻辑运算的运算量和总运算量,并将队长 L_Q 减 1。假设 TOC 光学处理器的数据位总数为 N。

在处理器均分策略下,首先根据 TOC 光学处理器的特点,将整个光学处理器

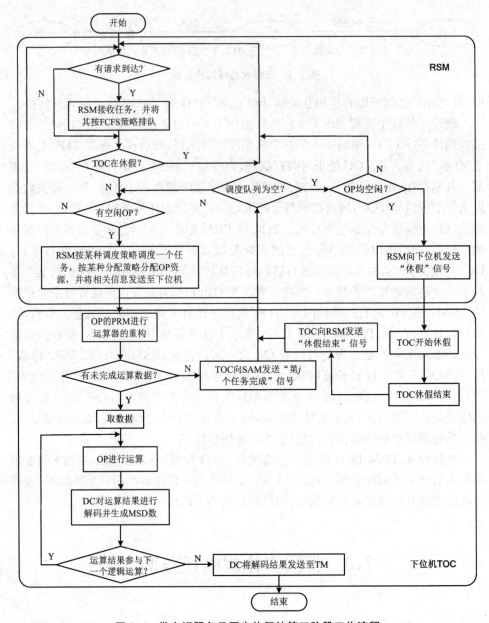

图 7.4 带空竭服务且同步休假的第三阶段工作流程

N trit 数据位资源平均分成 m 等份,构成 m 个可独立使用的小光学处理器。RSM 每次调度的时候,首先判断 TOC 是否在休假。若是,则等待;否则判断是否有空闲的小光学处理器。若有,则从调度队列 Q 中调度一个任务,并为其分配一个小光学处理器;否则,直到有小光学处理器空闲时再按 FCFS 策略进行调度。RSM 执行的空竭服务且多重休假任务调度算法如算法 7.1 所示。

算法 7.1　空竭服务且多重休假的任务调度算法

输入：调度队列 Q。

输出：调度的任务 Task，即将其发送至处理器分配模块 PAM 和 TOC。

Step 1：系统启动后参数初始化。正在处理的任务数 $N_{Proc} = 0$，调度队列 Q 的长度 $L_Q = 0$，并将各小光学处理器的状态 State 均置为 0，$i = 0$（i 指示当前待分配的小光学处理器）。

Step 2：判断是否有新任务到达。若是，则接收任务，并将其按 FCFS 策略插入到调度队列 Q，L_Q 增 1；否则，转至 Step 3。

Step 3：判断 TOC 是否处于"休假"状态。若是，则转至 Step 2；否则，转至 Step 4。

Step 4：判断 N_{Proc} 是否为 m。若是，转至 Step 2；否则，转至 Step 5。

Step 5：从 Q 中调度一个任务，即将其发送至处理器分配模块 PAM 和 TOC，N_{Proc} 增 1，转至 Step 6。

Step 6：$i = i \bmod m$，查看第 i 个小光学处理器的状态，即判断 State[i] 是否为 0。若为 0，将 State[i] 置 1，转至 Step 8；否则，转至 Step 7。

Step 7：i 增 1，转至 Step 6。

Step 8：接收到"第 j 个任务完成"信号时，N_{Proc} 减 1，并回收小光学处理器资源即将相应的小光学处理器状态 State[j] 置 0，转至 Step 9。

Step 9：判断 L_Q 是否为 0。若是，则转至 Step 10；否则，转至 Step 4。

Step 10：判断 N_{Proc} 是否等于 0。若是，则向 TOC 发送"休假"信号；否则，转至 Step 2。

Step 11：接收到"休假结束"信号时，转 Step 8。

可以看出，Step 4～Step 8 完成一次任务调度，Step 8～Step 10 判断是否向 TOC 发送"休假"信号，即仅当调度队列 Q 为空且所有光学处理器均空闲时才向 TOC 发送"休假"信号。

7.4　性能分析与评价模型

第 5 章和第 6 章都只选取了平均响应时间作为性能分析与评价指标，而本章除了仍选取平均响应时间外，还选取平均任务数、吞吐量和 OP 利用率等作为性能分析与评价指标。首先建立计算平均任务数 R 和响应时间 T 的数学模型：

$$R = \sum_{1}^{4} R_i, \quad T = \sum_{1}^{4} T_i \tag{7.1}$$

其中，R_i 和 T_i（$i = 1, 2, 3, 4$）分别表示服务模型中各阶段的平均请求数和平均服务时间。

7.4.1　阶段 1 性能分析与评价模型

同前两章一样,仍选用 M/M/1 排队系统对其建模,即假设运算请求的到达时间间隔服从独立同分布且参数为 $1/\lambda$ 的指数分布,接收时间服从独立同分布且参数为 $1/\mu_1$ 的指数分布。RRM 接收运算请求时其请求数的状态转移图如图 7.5 所示。

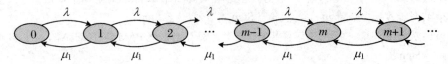

图 7.5　基于 M/M/1 排队系统的 RM 队长状态转移图

由文献[57]可知,当 $\rho_1 = \lambda/\mu_1 < 1$ 时,RRM 将达到稳定状态存在平稳分布。记第 m 个状态的概率为 p_m^1($m = 0,1,2,\cdots$),由 K 氏代数方程,可得如下方程组:

$$\begin{cases} \lambda\, p_0^1 = \mu_1\, p_1^1 \\ (\lambda + \mu_1)\, p_m^1 = \lambda\, p_{m-1}^1 + \mu_1\, p_{m+1}^1, \quad m \geqslant 1 \end{cases}$$

可得

$$p_m^1 = \rho_1^m\, p_0^1, \quad m \geqslant 1$$

结合正则性 $\sum_{m=0}^{\infty} p_m^1 = 1$,得 RRM 空闲概率

$$p_0^1 = 1 - \rho_1$$

于是,该阶段平均请求数

$$R_1 = \sum_{i=0}^{\infty} i\, p_m^1 = \rho_1(1 - \rho_1)\sum_{i=0}^{\infty} i\, \rho_1^{i-1} = \rho_1(1 - \rho_1)\left(\frac{\rho_1}{1 - \rho_1}\right)'$$

可得

$$R_1 = \frac{\lambda}{\mu_1 - \lambda} \tag{7.2}$$

由 Little 公式[57],可得接收请求的平均响应时间

$$T_1 = \frac{R_1}{\lambda} = \frac{1}{\mu_1 - \lambda} \tag{7.3}$$

其中,λ 为单位时间内运算请求的平均到达率,μ_1 为单位时间内 RRM 的平均接收率。再假设运算请求待传输的平均数据量为 D,网络平均传输速度为 ξ,则 $\mu_1 = \xi/D$。将其代入(7.2)和(7.3)得

$$R_1 = \frac{\lambda}{\dfrac{\xi}{D} - \lambda}, \quad T_1 = \frac{1}{\dfrac{\xi}{D} - \lambda} \tag{7.4}$$

7.4.2　阶段 2 性能分析与评价模型

根据 Burke 定理[8,9]，系统达到平衡状态时阶段 1 的输出是一个均值为 λ 的 Poisson 过程。也即单位时间内请求到达阶段 2 的平均到达率也是 λ。阶段 2 同样可用 M/M/1 排队系统表达。DPPM 按 FCFS 策略服务的时齐 CTMC 模型状态转移图与图 7.5 类似。

然而，DPPM 生成的控制信号量即阶段 3 的数据预处理量 D_{PP} 远大于数据量 D。假设 $D_{PP} = k_1 D$，且 $k_1 \geqslant 100$，并假设 DPPM 进行数据预处理的速率为 τ，则其服务速率 $\mu_2 = \tau/D_{PP}$。当 $\rho_2 = \lambda/\mu_2 = \lambda D_{PP}/\tau < 1$ 时，阶段 2 具有与阶段 1 相同的稳态概率方程组。因此，可将第 7.4.1 节中的结论直接应用于阶段 2 得其平均请求数 R_2 和平均响应时间 T_2：

$$R_2 = \frac{\lambda}{\dfrac{\tau}{D_{PP}} - \lambda}, \quad T_2 = \frac{1}{\dfrac{\tau}{D_{PP}} - \lambda} \tag{7.5}$$

7.4.3　阶段 3 性能分析与评价模型

RSM 按 FCFS 策略每调度一个运算请求后都将其发送至 PAM 和 TOC，同时为其分配一个小光学处理器，并将分配结果及所分配处理器的重构码发送至 TOC。RSM 通过双空间存储的内存推移技术[72]将计算量为 C 的运算请求发送至 TOC，TOC 光学处理器 OP 的处理器重构模块 PRM 以全并行方式完成重构后，编码器对控制内码表示的数据进行编码，即将电信号转换成光信号，而后光学处理器便对其进行光计算，最后解码模块 DM 将运算结果转换成 MSD 数表示的数据。

因为采用内存推移技术，可将运算请求发送至 TOC 的时间忽略。下面将重点讨论 TOC 在同步休假策略下由计算时间构成的 T_3 如何求解。

因为光学处理器 OP 具有巨位性，例如 2018 年搭建的 TOC 计算平台数据位已达 1 152 trits，而且可很容易扩展至上万 trits，特别适合并行处理多个运算请求。同时，考虑到光学处理器需要维护和保养。为此，本文拟考虑采用空竭服务且具有多重休假策略的排队系统对该阶段进行性能分析与评价。显然，单位时间内请求到达阶段 3 的平均到达率也是 λ。再假设任务到达阶段 3 的时间间隔、TOC 休假时间、TOC 忙期相互独立。

在整个光学处理器均分策略下，光学处理器被均分为 m 个可独立使用的小光学处理器。显然，m 个小光学处理器是同构的，即具有相同的硬件配置——相同位数的可重构光学处理器,从而具有同等计算能力。因此,可考虑用一个经典 M/M/m 排队系统表达阶段 3。两次相继假期之间的时间称为 TOC 忙期。由算法 7.1 可知,每个小光学处理器完成任务后,如果 RSM 的调度队列 Q 为空即没有待处理的任务,而尚有其他小光学处理器在处理任务,TOC 不能直接进入"休假"状态,刚处理完任务的小光学处理器的状态只能由"工作"状态转为"空闲"状态。一旦 RSM 的调度队列 Q 变为空且整个 TOC 即 m 个小光学处理器均空闲便开始一个同步随机长度为 v 的休假;TOC 休假期间新到达任务将被依次插入至调度队列 Q 尾部;TOC 每次休假结束时都向 RSM 发送"休假结束"信号,如收到"休假"信号,则开始下一次独立同分布休假,否则将结束休假,进入忙期;此时若 RSM 的队列 Q 有 $L_Q(L_Q<m)$ 个任务,依 FCFS 策略按算法 7.1 调度 Q 中的所有任务,L_Q 个小光学处理器开始工作,其余 $m-L_Q$ 个小光学处理器处于空闲状态;若 $L_Q \geq m$,同样依 FCFS 策略按算法 7.1 调度 Q 中 m 个任务,剩下 $m-L_Q$ 个任务继续排队等待。

假设 TOC 的休假时间 v 都服从参数为 $1/\delta$ 的指数分布,TOC 所有光学处理器的处理速度为 σ,并假设计算量 $C=k_2 D$,且 $k_2 \geq 1000$,则其服务速率 $\mu_3 = \sigma/C$。因为 TOC 光学处理器重构是并行的,所需时间为一很小常数,因此将其忽略不计。这样各小光学处理器的服务速率 $\mu_{3E} = \sigma/mC$。

下面用拟生灭(quasi-birth-and-death,QBD)过程[10,65]求系统稳态下 R_3 和 T_3。令 $U(t)$ 表示 t 时刻 RSM 中任务数,并定义如下 $V(t)$ 函数:
$$V(t) = \begin{cases} 0, & t \text{ 时刻 } TOC \text{ 处于"非休假"状态} \\ 1, & t \text{ 时刻 } TOC \text{ 处于"休假"状态} \end{cases}$$
$\{(U(t),V(t))\}$ 构成一个二维 Markov 过程,其状态空间为
$$\Omega = \{(0,1)\} \bigcup \{(k,j) \mid k \geq 1 \text{ 且 } k \in \mathbf{N}, j=0,1\}$$

当有任务到达 RSM、TOC 完成一个任务的运算或 TOC 休假结束时,二维 Markov 过程的状态会发生改变。按层次即 RSM 中的任务数以及 TOC 是否休假将该 Markov 过程的各状态排序,可得其状态转移机制如图 7.6 所示。

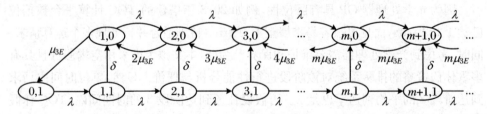

图 7.6 处理器均分策略下基于拟生灭过程的二维 Markov 过程状态转移图

图 7.6 中上层和下次各节点分别表示 TOC 处于"非休假"状态与"休假"状态。例如,状态 $(2,1)$ 表示 TOC 因休假而处于"休假"状态,且 RSM 调度队列 Q 中有 2 个等待调度的任务。TOC 休假期间,如果有新任务到达,则状态 $(2,1)$ 以 λ 速率转移至状态 $(3,1)$;如果新任务到达前,TOC 结束休假,则状态 $(2,1)$ 以 δ 速率转移至状态 $(2,0)$。状态 $(2,0)$ 表示阶段 3 中有 2 个任务,且被调度至 TOC 的 2 个小光学处理器,使这 2 个小光学处理器处于"工作"状态,并以 $2\mu_{3E}$ 的服务速率运行,而其余 $m-2$ 个小光学处理器处于"空闲"状态。因此状态 $(2,0)$ 以 $2\mu_{3E}$ 速率转移至状态 $(1,0)$。在这 2 个任务结束之前,如果有新任务到达,RSM 根据算法 7.1 立即对其进行调度、为其分配一个空闲的小光学处理器,即状态 $(2,0)$ 以 λ 速率转移至状态 $(3,0)$。特别地,对状态 $(1,0)$,正在处理任务的小光学处理器完成运算后,如果没有新任务到达,意味着调度队列 Q 为空且整个光学处理器空闲,TOC 会接收到"休假"信号并开始休假而进入"休假"状态,即以 μ_{3E} 速率由状态 $(1,0)$ 转移至状态 $(0,1)$。

将图 7.6 的二维 Markov 过程中各状态按字典序排列,可得如下生成元矩阵 $\boldsymbol{G}$。

$$
\boldsymbol{G} =
\begin{array}{c}
\begin{array}{ccccccccccccc}
(0,1) & (1,0) & (1,1) & (2,0) & (2,1) & (3,0) & (3,1) & \cdots & (m\!-\!1,0) & (m\!-\!1,1) & (m,0) & (m,1) & \cdots
\end{array} \\
\begin{array}{c}
(0,1) \\ (1,0) \\ (1,1) \\ (2,0) \\ (2,1) \\ (3,0) \\ (3,1) \\ \vdots \\ (m\!-\!1,0) \\ (m\!-\!1,1) \\ (m,0) \\ (m,1) \\ \vdots
\end{array}
\left[
\begin{array}{ccccccccccccc}
-\lambda & 0 & \lambda & 0 & 0 & 0 & 0 & \cdots & 0 & 0 & 0 & 0 & \cdots \\
\mu_{3E} & \omega_1^1 & 0 & \lambda & 0 & 0 & 0 & \cdots & 0 & 0 & 0 & 0 & \cdots \\
0 & \delta & \omega^* & 0 & \lambda & 0 & 0 & \cdots & 0 & 0 & 0 & 0 & \cdots \\
0 & 2\mu_{3E} & 0 & \omega_2^1 & 0 & \lambda & 0 & \cdots & 0 & 0 & 0 & 0 & \cdots \\
0 & 0 & 0 & \delta & \omega^* & 0 & \lambda & \cdots & 0 & 0 & 0 & 0 & \cdots \\
0 & 0 & 0 & 3\mu_{3E} & 0 & \omega_3^1 & 0 & \cdots & 0 & 0 & 0 & 0 & \cdots \\
0 & 0 & 0 & 0 & 0 & \delta & \omega^* & \cdots & 0 & 0 & 0 & 0 & \cdots \\
\vdots & \vdots & \vdots & \vdots & \vdots & \vdots & \vdots & & \vdots & \vdots & \vdots & \vdots & \\
0 & 0 & 0 & 0 & 0 & 0 & 0 & \cdots & \omega_{m-1}^1 & 0 & \lambda & 0 & \cdots \\
0 & 0 & 0 & 0 & 0 & 0 & 0 & \cdots & \delta & \omega^* & 0 & \lambda & \cdots \\
0 & 0 & 0 & 0 & 0 & 0 & 0 & \cdots & m\mu_{3E} & 0 & \omega_m^1 & 0 & \cdots \\
0 & 0 & 0 & 0 & 0 & 0 & 0 & \cdots & 0 & 0 & \delta & \omega^* & \cdots \\
\vdots & \vdots & \vdots & \vdots & \vdots & \vdots & \vdots & & \vdots & \vdots & \vdots & \vdots &
\end{array}
\right]
\end{array}
$$

其中,$\omega_i^1 = -(i\mu_{3E} + \lambda)$,$i \geqslant 1$,$\omega^* = -(\delta + \lambda)$。$\boldsymbol{G}$ 可写成如下分块三角阵:

$$G = \begin{bmatrix} A_0 & C_0 & & & & & & & \\ B_1 & A_1 & C_1 & & & & & & \\ & B_2 & A_2 & C_2 & & & & & \\ & & B_3 & A_3 & C_3 & & & & \\ & & & \ddots & \ddots & \ddots & & & \\ & & & & B_{m-1} & A_{m-1} & C_{m-1} & & \\ & & & & & B_m & A_m & C_m & \\ & & & & & & B & A & C \\ & & & & & & & \ddots & \ddots & \ddots \end{bmatrix}$$

其中，$A_0 = -\lambda$，$C_0 = (0, \lambda)$，$B_1 = \begin{pmatrix} \mu_{3E} \\ 0 \end{pmatrix}$，

$$A_i = \begin{bmatrix} -(\lambda + i\mu_{3E}) & 0 \\ \delta & -(\lambda + \delta) \end{bmatrix}, \quad 1 \leqslant i \leqslant m$$

$$B_i = \begin{bmatrix} i\mu_{3E} & 0 \\ 0 & 0 \end{bmatrix}, \quad 2 \leqslant i \leqslant m$$

$$A = \begin{bmatrix} -(\lambda + m\mu_{3E}) & 0 \\ \delta & -(\lambda + \delta) \end{bmatrix}, \quad B = \begin{bmatrix} m\mu_{3E} & 0 \\ 0 & 0 \end{bmatrix}$$

$$C = C_i = \begin{bmatrix} \lambda & 0 \\ 0 & \lambda \end{bmatrix} = \lambda I, \quad 1 \leqslant i \leqslant m$$

I 为二阶单位矩阵，且满足

$$(A_0 + C_0)I = (A_1 + B_1 + C_1)I = \cdots = (A_m + B_m + C_m)I$$
$$= (A + B + C)I = 0$$

显然，G 具有分块三对角结构，表明 $\{(U(t), V(t))\}$ 是一个拟生灭过程。

令 $\rho_3 = \lambda/m\mu_{3E} = \lambda/\mu_3$，$(U, V)$ 表示过程 $(U(t), V(t))$ 的稳态极限。当 $\rho_3 < 1$ 时，记 p_{ij} 表示 (U, V) 处于状态 (i, j) 的概率，$(i, j) \in \Omega$；P_i 表示 TOC 处于"工作"状态时系统中有 i 个任务的概率；p_i 表示 TOC 处于"休假"状态时系统中有 i 个任务的概率，即

$$P_i = P\{U = i, V = 0\}, \quad i \geqslant 1$$
$$p_{ij} = P\{U = i, V = j\}, \quad (i, j) \in \Omega$$
$$p_i = p_{i1}, \quad i \geqslant 0$$

由文献[65]，可得 (U, V) 的分布

$$\begin{cases} p_i = \Gamma \left(\dfrac{\lambda}{\lambda + \delta} \right)^i, & i \geqslant 0, \\[2mm] P_i = \Gamma \dfrac{1}{i!} \left(\dfrac{\lambda}{\mu_{3E}} \right)^i \eta_i, & 1 \leqslant i \leqslant m - 1 \\[2mm] P_i = P_{m-1} \rho_3^{i-m+1} + \rho_3 p_{m-1} \displaystyle\sum_{k=0}^{i-m} \rho_3^k \left(\dfrac{\lambda}{\lambda + \delta} \right)^{i-m-k}, & i \geqslant m \end{cases}$$

其中

$$\eta_i = \sum_{k=0}^{i-1} k! \left(\frac{\mu_{3E}}{\lambda + \delta} \right)^k, \quad 1 \leqslant i \leqslant m - 1$$

$$\Gamma = \left[\frac{\rho_3}{1 - \rho_3} \frac{\left(\frac{\lambda}{\mu_{3E}} \right)^{m-1}}{(m-1)!} \eta_{m-1} \right.$$

$$\left. + \left(1 + \frac{\rho_3}{1 - \rho_3} \left(\frac{\lambda}{\lambda + \delta} \right)^{m-1} \right) \left(1 + \frac{\lambda}{\delta} \right) + \sum_{j=1}^{m-1} \frac{1}{j!} \left(\frac{\lambda}{\mu_{3E}} \right)^j \eta_j \right]^{-1}$$

于是，可得系统达到平稳状态时，阶段 3 中平均任务数 R_{32} 的概率分布为

$$P\{R_3 = 0\} = \Gamma, \quad P\{R_3 = j\} = P_j + p_j, \quad j \geqslant 1$$

$$R_3 = \sum_{i=1}^{m-1} \frac{\Gamma}{(i-1)!} \left(\frac{\lambda}{\mu_{3E}} \right)^i \eta_i + P_{m-1} \frac{\alpha}{(1 - \rho_3)^2}$$

$$+ \Gamma \left(\lambda + \frac{\rho_3}{1 - \rho_3} \left(\frac{\lambda}{\lambda + \delta} \right)^{m-1} \left(\lambda + \frac{\alpha\delta}{1 - \rho_3} \right) \right) \frac{\lambda + \delta}{\delta^2} \tag{7.6}$$

其中，$\alpha = \rho_3 (\rho_3 + m - m\rho_3)$。由 Little 公式可得

$$T_3 = \frac{R_3}{\lambda} \tag{7.7}$$

设 P_{busy} 和 P_{vac} 分别表示稳态下 TOC 处于"工作"和"休假"状态的概率，则

$$P_{\text{busy}} = P\{V = 0\} = 1 - P_{\text{vac}} \tag{7.8}$$

$$P_{\text{vac}} = P\{V = 1\} = \sum_{k=0}^{\infty} P\{U = k, V = 1\} = \sum_{k=0}^{\infty} p_k$$

$$= \Gamma \sum_{k=0}^{\infty} \left(\frac{\lambda}{\lambda + \delta} \right)^k = \Gamma \left(1 + \frac{\lambda}{\delta} \right) \tag{7.9}$$

TOC 光学处理器的平均利用率

$$U = \frac{1}{m} \sum_{i=1}^{m} i P_i \tag{7.10}$$

7.4.4　阶段 4 性能分析与评价模型

　　显然，平衡状态时阶段 3 的输出也是一均值为 λ 的 Poisson 过程。换而言之，任务到达阶段 4 的平均速率同样为 λ。同样可用 M/M/1 排队系统对阶段 4 进行建模。

　　假设 TRM 需要处理的数据量为 $k_3 D$，且 $k_3 \geqslant 5$；TRM 处理数据的速率与 DPPM 进行数据预处理的速率相同，即也为 τ，发送至客户端数据量为 $k_4 D$，且 $1 \geqslant k_4 \geqslant 1/10$，则 TRM 的数据服务速率 $\mu_{41} = \tau / k_3 D$，数据发送服务速率 $\mu_{42} = \xi / k_4 D$。

　　当 $\rho_{41} = \lambda / \mu_{41} = k_3 \lambda D / \tau < 1$，且 $\rho_{42} = \lambda / \mu_{42} = k_4 \lambda D / \xi < 1$ 时，阶段 4 的数据处理和数据发送都具有与阶段 1 相同的稳态概率方程组。因此，可将第 7.4.1 节中

的结论直接应用于阶段 4 得其平均请求数 R_4 和平均响应时间 T_4：

$$R_4 = \frac{\lambda}{\dfrac{2\tau}{C} - \lambda} + \frac{\lambda}{\dfrac{5\xi}{D} - \lambda}, \quad T_4 = \frac{1}{\dfrac{2\tau}{C} - \lambda} + \frac{1}{\dfrac{5\xi}{D} - \lambda} \quad (7.11)$$

将上述求得的各阶段平均任务数和平均响应时间，即式(7.4)～(7.7)以及(7.11)代入式(7.1)，即可得系统中平均任务数和系统平均响应时间。

7.5　模型仿真与性能分析

为验证上面提出的性能分析与评价模型的有效性，本节将通过一些数值例子和仿真实验探讨如何使用上述模型对 TOC 性能进行分析与评价。同样，其中的参数都是演示性的，可以被修改以适应不同环境下 TOC。

7.5.1　参数设置

为计算性能指标，首先给出各参数的取值。任务到达率 $\lambda \in \{10i \mid 1 \leqslant i \leqslant 20, i \in \mathbf{N}\}$ 表示每小时到达的平均请求数，网络平均传输速度 $\xi = 20$ MB/s，每个任务的平均数据量 $D = 25$ MB，取 $k_1 = 100$，$k_2 = 4\,000$，$k_2 = 10$，$k_2 = 1/5$，即平均预处理数据量 $D_{PP} = 2.5$ GB，平均计算量 $C = 100$ GB，TRM 处理的平均数据量为 250 MB，发送至客户端的平均数据量为 5 MB，DPPM 和 TRM 模块的处理速度 $\tau = 3.0$ GB/s，OP 的数据位总数 $N = 3\,000$，OP 处理速度为 $\sigma = 8$ GB/s，TOC 平均休假时间 ν 服从参数 $\delta = 10$，小光学处理器数 $m = 5$。

7.5.2　任务到达率对系统性能的影响

令 $\rho = \max\{\rho_1, \rho_2, \rho_3, \rho_{41}, \rho_{42}\}$，当 $\rho < 1$ 时，系统将到达平稳状态。可得平稳状态下 R 和 T 数值仿真结果分别如图 7.7 和图 7.8 所示。

由图 7.7 可以看出，随着运算请求到达率 λ 的增加，系统平均任务数 R 基本呈线性增加趋势，但增加幅度不大。其原因在于随着 λ 的增加，新到达的运算请求因 TOC 休假以及各阶段处理能力受限不能得到及时处理而排队等待，从而增加了系统平均任务数。

由图 7.8，可以发现一个非常有趣的现象：系统平均响应时间 T 不但不像平均任务数 R 那样随到达率的增加而增加，反而随到达率的增加呈递减趋势。其原因可能在于：一方面，在光学处理器均分策略下，当到达率 λ 较低时，不但处于"工作"状态的小光学处理器数较小，而且整个光学处理器即 TOC 常常因空竭服务同步休

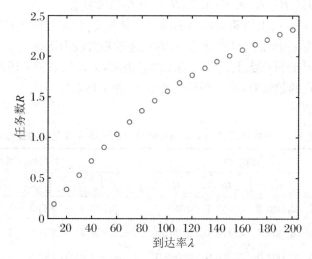

图 7.7　在平稳状态下 TOC 系统平均任务数 R 随到达率 λ 变化

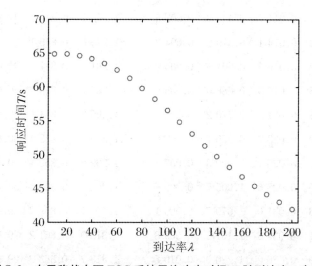

图 7.8　在平稳状态下 TOC 系统平均响应时间 T 随到达率 λ 变化

假而可能导致服务延迟,进而致使到达率较低时系统平均响应时间较大;另一方面,当到达率较高时,到达率较低时空闲小光学处理器会因新请求的到达而参与运算,在一定程度上也降低了 TOC 因空竭服务而同步休假的可能性,进而使系统平均响应时间 T 随到达率 λ 的增加而呈递减趋势。

　　为更好分析上述各阶段对系统平均任务数 R 和平均响应时间 T 的影响,我们考察平均任务数 R_i 和平均响应时间 T_i $(i=1,2,3,4)$,如表 7.1 和图 7.9、图 7.10 所示。

　　由表 7.1 和图 7.9、图 7.10 可以看出:

　　(1) 4 个阶段的平均任务数 R_i $(i=1,2,3,4)$ 均随运算请求到达率 λ 的增加而呈增加趋势,但同 R_1, R_2 和 R_4 相比,R_3 增加得较为显著。

(2) T_1, T_2 和 T_4 也均随 λ 的增加而呈增加趋势,但增加幅度却很小。

(3) T_3 随 λ 的增加而呈递减趋势,而且递减趋势较为明显。

读者可自己分析产生上述现象的原因。因此,无论从数值上还是从 T 与 T_3 随 λ 的增加而呈现的趋势看,系统平均任务数 R 和平均响应时间 T 主要受第 3 阶段即调度与计算影响。

表 7.1　平均请求数和平均响应时间随到达率 λ 变化的实验结果

λ	平均请求数				平均响应时间/s			
	R_1	R_2	R_3	R_4	T_1	T_2	T_3	T_4
10	0.003 5	0.002 3	0.087 1	0.000 7	1.254 4	0.835 3	31.340 8	0.250 3
20	0.007 0	0.004 7	0.174 1	0.001 4	1.258 7	0.837 2	31.329 1	0.250 5
30	0.010 5	0.007 0	0.260 9	0.002 1	1.263 2	0.839 2	31.311 2	0.250 7
40	0.014 1	0.009 3	0.347 6	0.002 8	1.267 6	0.841 1	31.282 1	0.250 8
50	0.017 7	0.011 7	0.433 8	0.003 5	1.272 1	0.843 1	31.236 6	0.251 0
60	0.021 3	0.014 1	0.519 5	0.004 2	1.276 6	0.845 1	31.170 1	0.251 2
70	0.024 9	0.016 5	0.604 3	0.004 9	1.281 1	0.847 1	31.078 4	0.251 4
80	0.028 6	0.018 9	0.688 0	0.005 6	1.285 7	0.849 1	30.958 4	0.251 5
90	0.032 3	0.021 3	0.770 2	0.006 3	1.290 3	0.851 1	30.808 2	0.251 7
100	0.036 0	0.023 7	0.850 7	0.007 0	1.295 0	0.853 1	30.626 7	0.251 9
110	0.039 7	0.026 1	0.929 3	0.007 7	1.299 6	0.855 1	30.414 2	0.252 1
120	0.043 5	0.028 6	1.005 7	0.008 4	1.304 3	0.857 1	30.171 4	0.252 2
130	0.047 3	0.031 0	1.079 7	0.009 1	1.309 1	0.859 2	29.900 0	0.252 4
140	0.051 1	0.033 5	1.151 2	0.009 8	1.313 9	0.861 2	29.602 3	0.252 6
150	0.054 9	0.036 0	1.220 0	0.010 5	1.318 7	0.863 3	29.280 9	0.252 8
160	0.058 8	0.038 5	1.286 2	0.011 2	1.323 5	0.865 4	28.939 0	0.252 9
170	0.062 7	0.041 0	1.349 6	0.012 0	1.328 4	0.867 5	28.579 6	0.253 1
180	0.066 7	0.043 5	1.410 3	0.012 7	1.333 3	0.869 6	28.205 9	0.253 3
190	0.070 6	0.046 0	1.468 3	0.013 4	1.338 3	0.871 7	27.821 3	0.253 5
200	0.074 6	0.048 5	1.523 8	0.014 1	1.343 3	0.873 8	27.428 8	0.253 7

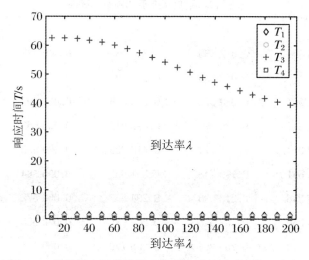

图 7.9 平稳状态下各阶段平均响应时间随到达率 λ 变化

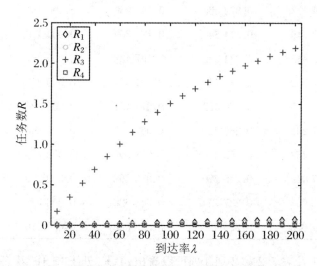

图 7.10 平稳状态下各阶段平均任务数随到达率 λ 变化

下面考察系统中几个重要的概率:TOC 处于"工作"状态时系统中分别有 1 和 2 个任务的概率 P_1 和 P_2,TOC 处于"休假"状态时系统中没有任务和 1 个任务的概率 p_0 和 p_1 以及 TOC 处于"休假"状态的概率 P_{vac}。相关实验结果如表 7.2 及图 7.11~图 7.14 所示。

表 7.2　平稳状态下几种重要概率

λ	P_1	P_2	p_0	p_1	P_{vac}
10	0.145 896	0.012 685	0.840 362	0.000 233	0.840 595
20	0.245 171	0.042 633	0.706 093	0.000 392	0.706 486
30	0.308 904	0.080 572	0.593 096	0.000 494	0.593 590
40	0.345 842	0.120 276	0.498 013	0.000 553	0.498 566
50	0.362 924	0.157 771	0.418 089	0.000 580	0.418 670
60	**0.365 651**	0.190 748	0.351 025	**0.000 584**	0.351 610
70	0.358 346	0.218 093	0.294 867	0.000 572	0.295 441
80	0.344 356	0.239 518	0.247 936	0.000 550	0.248 487
90	0.326 218	0.255 264	0.208 779	0.000 521	0.209 301
100	0.305 808	0.265 882	0.176 145	0.000 488	0.176 634
110	0.284 472	0.272 065	0.148 960	0.000 454	0.149 415
120	0.263 145	**0.274 546**	0.126 309	0.000 420	0.126 730
130	0.242 445	0.274 029	0.107 422	0.000 387	0.107 810
140	0.222 762	0.271 149	0.091 651	0.000 355	0.092 007
150	0.204 315	0.266 459	0.078 457	0.000 326	0.078 784
160	0.187 207	0.260 425	0.067 395	0.000 298	0.067 694
170	0.171 462	0.253 428	0.058 095	0.000 273	0.058 370
180	0.157 049	0.245 779	0.050 256	0.000 250	0.050 507
190	0.143 907	0.237 724	0.043 626	0.000 229	0.043 857
200	0.131 956	0.229 455	0.038 003	0.000 210	0.038 214

　　由图 7.11 及表 7.2 第 2 和 3 列可以看出,TOC 处于"工作"状态时系统中分别有 1 个和 2 个任务的概率 P_1 与 P_2 均随到达率 λ 的增加呈先激增后慢减趋势,且在到达率分别为 60 和 120 时达到最大值 0.365 651 和 0.274 546。再结合图 7.12可知,当到达率较小时只有 1 个小光学处理器处于"工作"状态而且 TOC 因经常空竭服务而休假的概率较高,从而使到达率较小时 TOC 从"休假"状态转为"工作"状态后 P_1 与 P_2 均随到达率 λ 增加呈增加趋势;TOC 随到达率 λ 的增加因空竭服务而休假的概率逐渐减少,从而使当到达率 λ 达到一定程度时,TOC 从"休假"状态转为"工作"状态后 P_1 与 P_2 均随到达率 λ 增加而呈递减趋势。还可以当到达率 λ 达到 120 后 $P_2 > P_1$,可以认为:当 $\lambda < 120$ 时系统使用 1 个小光学处理器进行运算的可能性较大,当 $\lambda \geqslant 120$ 时系统使用 2 个小光学处理器进行运算的可能性较大。

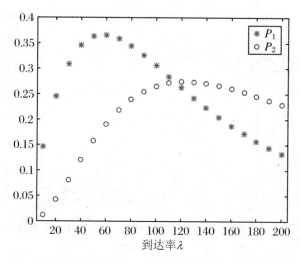

图 7.11　TOC 处于"工作"状态时系统中分别有 1 和 2 个任务的概率 P_1 和 P_2

对比图 7.12 和图 7.13,可以看出二者几乎一样,再结合公式(7.9)以及图 7.14 和表 7.2 的 4~6 列不难发现其几乎一样的原因:TOC 处于"休假"状态的概率 P_{vac} 主要受 p_0 的影响。

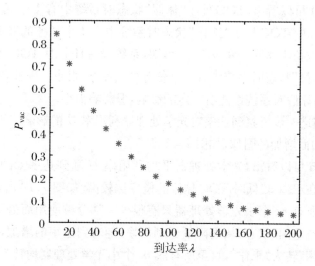

图 7.12　TOC 处于"休假"状态的概率 P_{vac}

由图 7.12 和 7.13 可以看出:

(1) P_{vac} 和 p_0 都随到达率的增加而减小。

(2) 当到达率较低,如小于 60 时,TOC 因空竭服务启动同步休假而处于"休假"状态的概率 P_{vac} 较大,如大于 0.35;当到达率较大,如大于 100 时,因系统中有任务需要处理,TOC 因空竭服务启动同步休假而处于"休假"状态的概率 P_{vac} 较

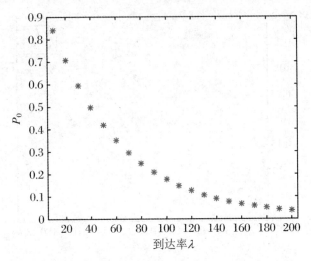

图 7.13 TOC 处于"休假"状态时系统中没有任务的概率 p_0

小,如小于 0.20。

　　换而言之,当到达率较高时,因系统中有任务需要处理,TOC 因空竭服务而启动同步休假的可能性较小。

　　从图 7.14 可以看出,TOC 处于"休假"状态时系统中有 1 个任务的概率 p_1 的图像与图 7.11 中 TOC 处于"工作"状态时系统中有 1 个任务的概率 P_1 图像极为相似,但其在数值上很小。由 p_0 和 p_1 可知,系统没有任务时 TOC 才进行休假,而且 TOC 在"休假"状态时系统中有一个任务的概率 p_1 很小。因此,TOC 因空竭服务而启动同步休假对系统性能有一定的影响,但影响很小。

　　下面我们进一步考察到达率对光学处理器利用率 U 的影响。为此,给出 U 随到达率 λ 增加而增加的图像,如图 7.15 所示。

　　由图 7.15 可以看出,光学处理器平均利用率 U 随到达率 λ 的增加而呈增加趋势,其原因在于:λ 较低时 TOC 休假的概率比较高,如图 7.12 所示,TOC 在"非休假"状态时所有 m 个小光学处理器只有很少一部分被使用而处于"工作"状态,而其他的处于"空闲"状态,从而降低了利用率;随着到达率的增加,不断有小光学处理器由"空闲"转为"工作",直至所有的 m 个小光学处理器均转为"工作"状态。

　　综上,系统平均请求数 R、平均响应时间 T、TOC 光学处理器的休假概率 P_{vac} 和 TOC 光学处理器的平均利用率 U 随运算请求到达率 λ 增加的变化趋势是:R 和 U 随 λ 的增加呈增加趋势,而 T 和 P_{vac} 随 λ 的增加呈减小趋势。

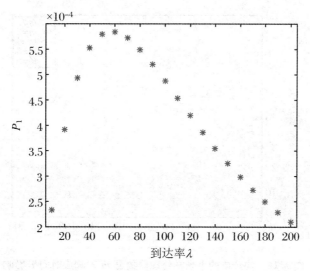

图 7.14　TOC 处于"休假"状态时系统中有 1 个任务的概率 p_1

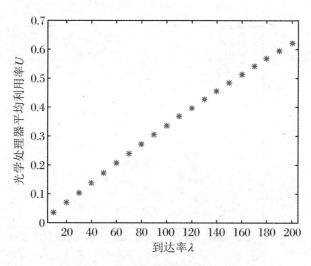

图 7.15　光学处理器平均利用率 U

7.5.3　均分后小光学处理器数量对系统性能的影响

在上节的基础上,本节讨论光学处理器被均分成可供独立使用的小光学处理器数量 m 对系统性能,特别是对 R、T、U 和 P_{vac} 等性能指标的影响。$m \in \{2,3,4,5,6\}$,其他条件不变时的实验结果如表 7.3 和图 7.16~图 7.19 所示。

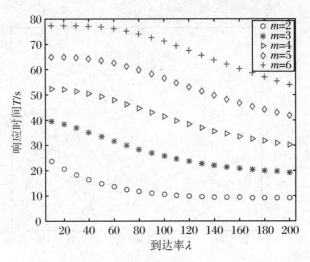

图 7.16　均分成的小光学处理器数量 m 对响应时间 T 影响

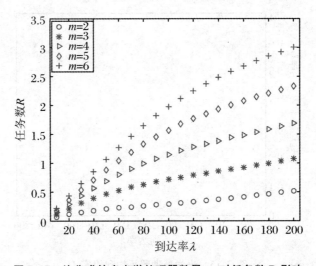

图 7.17　均分成的小光学处理器数量 m 对任务数 R 影响

表 7.3　R、T、U、P_{vac} 随被均分成小光学处理器数 m 和到达率 λ 变化的实验结果

λ	$m=2$				$m=3$				$m=4$				$m=5$				$m=6$			
	R	T	U	P_{vac}	R	T	U	P_{vac}	R	T	U	P_{vac}	R	T	U	P_{vac}	R	T	U	P_{vac}
10	0.0657	23.6623	0.0653	0.9095	0.1097	39.4914	0.0347	0.8999	0.1455	52.3787	0.0347	0.8702	0.1803	64.9165	0.0347	0.8406	0.2150	77.4167	0.0347	0.8119
20	0.1148	20.6694	0.1238	0.8340	0.2133	38.3852	0.0689	0.8068	0.2894	52.0983	0.0694	0.7567	0.3602	64.8441	0.0694	0.7065	0.4299	77.3860	0.0694	0.6592
30	0.1523	18.2746	0.1770	0.7701	0.3073	36.8789	0.1026	0.7239	0.4291	51.4932	0.1038	0.6575	0.5386	64.6293	0.1040	0.5936	0.6442	77.3039	0.1041	0.5351
40	0.1816	16.3483	0.2260	0.7153	0.3908	35.1686	0.1356	0.6488	0.5617	50.5554	0.1374	0.5710	0.7133	64.1934	0.1385	0.4986	0.8565	77.1095	0.1387	0.4343
50	0.2055	14.7950	0.2717	0.6678	0.4638	33.3923	0.1677	0.5829	0.6851	49.3296	0.1714	0.4960	0.8818	63.4900	0.1727	0.4187	1.0658	76.7363	0.1732	0.3524
60	0.2255	13.5423	0.3148	0.6262	0.5276	31.6426	0.1991	0.5249	0.7981	47.8855	0.2044	0.4311	1.0418	62.5098	0.2066	0.3516	1.2688	76.1309	0.2074	0.2860
70	0.2437	12.5344	0.3555	0.5895	0.5829	29.9782	0.2298	0.4738	0.9003	46.2989	0.2367	0.3752	1.1915	61.2752	0.2399	0.2954	1.4635	75.2634	0.2414	0.2321
80	0.2606	11.7274	0.3944	0.5569	0.6319	28.4337	0.2599	0.4289	0.9920	44.6404	0.2684	0.3271	1.3296	59.8300	0.2727	0.2485	1.6474	74.1325	0.2749	0.1885
90	0.2772	11.0860	0.4318	0.5277	0.6757	27.0266	0.2893	0.3894	1.0743	42.9700	0.2994	0.2858	1.4557	58.2297	0.3049	0.2093	1.819	72.7591	0.3079	0.1532
100	0.2939	10.5817	0.4677	0.5014	0.7156	25.7629	0.3182	0.3542	1.1482	41.3348	0.3298	0.2503	1.5703	56.5319	0.3364	0.1766	1.9773	71.1839	0.3403	0.1247
110	0.3114	10.1908	0.5026	0.4776	0.7529	24.6411	0.3466	0.3239	1.2152	39.7692	0.3596	0.2198	1.6744	54.7908	0.3674	0.1494	2.1223	69.4571	0.3721	0.1017
120	0.3298	9.8936	0.5365	0.4559	0.7885	23.6547	0.3746	0.2967	1.2765	38.2963	0.3888	0.1936	1.7684	53.0530	0.3977	0.1267	2.2547	67.6322	0.4033	0.0831
130	0.3493	9.6734	0.5695	0.4362	0.8231	22.7942	0.4022	0.2726	1.3336	36.9301	0.4175	0.1711	1.8545	51.3558	0.4274	0.1078	2.3747	65.7602	0.4339	0.0681
140	0.3701	9.5159	0.6017	0.4181	0.8574	22.0484	0.4294	0.2511	1.3874	35.6768	0.4458	0.1516	1.9338	49.7269	0.4565	0.0920	2.4848	63.8858	0.4638	0.0560
150	0.3920	9.4088	0.6333	0.4014	0.8919	21.4052	0.4564	0.2319	1.4390	34.5369	0.4736	0.1348	2.0077	48.1851	0.4851	0.0788	2.5852	62.0455	0.4932	0.0462
160	0.4152	9.3410	0.6643	0.3860	0.9268	20.8520	0.4831	0.2147	1.4892	33.5064	0.5010	0.1202	2.0774	46.7413	0.5133	0.0677	2.6785	60.2665	0.5220	0.0383
170	0.4393	9.3031	0.6947	0.3718	0.9622	20.3765	0.5095	0.1993	1.5384	32.5781	0.5281	0.1076	2.1436	45.3996	0.5410	0.0584	2.7657	58.5676	0.5503	0.0318
180	0.4647	9.2862	0.7247	0.3586	0.9983	19.9666	0.5358	0.1855	1.5871	31.7429	0.5549	0.0965	2.2080	44.1591	0.5684	0.0505	2.8480	56.9594	0.5781	0.0265
190	0.4899	9.2825	0.7542	0.3462	1.0350	19.6104	0.5618	0.1725	1.6356	30.9897	0.5815	0.0868	2.2702	43.0143	0.5954	0.0439	2.9263	55.4458	0.6055	0.0222
200	0.5158	9.2846	0.7834	0.3347	1.072	19.2966	0.5877	0.1615	1.6837	30.3067	0.6077	0.0784	2.3309	41.9569	0.6220	0.0382	3.0014	54.0250	0.6326	0.0187

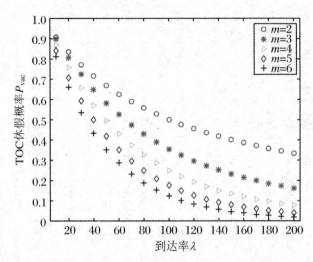

图7.18 均分成的小光学处理器数量 m 对 TOC 休假概率 P_{vac} 影响

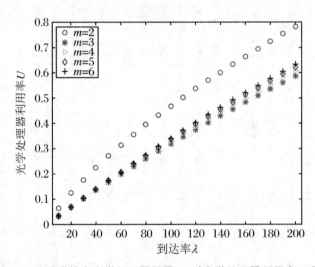

图7.19 均分成的小光学处理器数量 m 对光学处理器利用率 U 影响

由图 7.16 和表 7.3 可以看出：

(1) 对给定的 m，响应时间 T 都随到达率 λ 的增加呈减少趋势。

(2) 对给定的到达率 λ，响应时间 T 随着小光学处理器数量 m 的增加呈增加趋势。

换而言之，在光学处理器位数一定情况下，TOC 性能（响应时间）随着被均分成小光学处理器数量 m 的增加而降低。其主要原因是整个光学处理器被均分后，若被分成的小光学处理器数量 m 越大，特别地，当到达率较低时，不能被利用的光学处理器占比就越大；若 m 较大，即便到达率较高，仍有小光学处理器没得到充分利用。

由图 7.17 和表 7.3 可以看出，任务数 R 随到达率 λ 的增加均呈增长趋势，且 m 越大，R 增长越快。换而言之，对于给定的到达率 λ，任务数 R 随被均分成的小

光学处理器 m 的增加而增加。

由图 7.18 和表 7.3 可以看出,TOC 休假概率 P_{vac} 随到达率 λ 的增加均呈递减趋势,且 m 越大, P_{vac} 递减得越快。换而言之,对于给定的到达率 λ,TOC 休假概率 P_{vac} 随被均分成的小光学处理器 m 的增加而减小。其原因在于: m 越大性能越低导致当 m 较大时多个小光学处理器处于"工作"状态,即 m 较大时整个光学处理器因处于"非休假"状态而致休假概率较小。

由图 7.19 和表 7.3 可以发现一个有趣的现象:虽然对不同的 m 取值光学处理器的利用率 U 都随到达率 λ 的增加而增加,但对某一个给定的到达率 λ, U 不像前面的 R、T 和 P_{vac} 那样么随 m 的增加而增加要么随 m 的增加而减小,而是当 m 等于 2 时利用率 U 最大,当 m 等于 3 时利用率 U 最小,且当 m 大于 2 时 U 随 m 的增加而增加。

为更好地分析被均分成小光学处理器数 m 对系统性能的影响,分析各性能指标在同一到达率下随 m 增加的增长率。下面以平均响应时间 T 为例,说明其关于 m 的增长率 $T_{IncR}(m)$ 计算过程。令 T_m 表示 $m=2,3,4,5,6$ 时系统平均响应时间,则 $T_{IncR}(m)$ 可表示为

$$T_{IncR}(m) = \frac{T_{m+1} - T_m}{T_m} \times 100\%, \quad m = 2,3,4,5 \qquad (7.11)$$

由 Little 公式可知, $R = \lambda T$,所以对相同的到达率 λ, $T_{IncR}(m) = R_{IncR}(m)$。仿真结果如表 7.4 和图 7.20~7.22 所示。

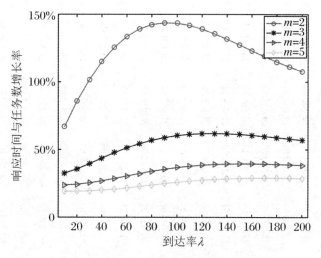

图 7.20　m 对响应时间与任务数增长率 T_{IncR} 和 R_{IncR} 影响

由表 7.4 和图 7.20 可以看出,当 m 以步长 1 由 2 增至 6 时,对每一个 $T_{IncR}(m)$ 与 $R_{IncR}(m)$ ($m=2,3,4,5$)均随到达率的增加呈先增后减趋势,且 m 按由大到小变化时,这种趋势越来越显著。也就是说,当 m 由 2 变化到 3 时,性能降低最为显著。

表 7.4　各性能指标增长率 T_{IncR}、R_{IncR}、U_{IncR}、$P_{vac\,IncR}$ 随 m 和 λ 变化的实验结果

λ	T_{IncR} 与 R_{IncR}				U_{IncR}				$P_{vac\,IncR}$			
	$m=2$	$m=3$	$m=4$	$m=5$	$m=2$	$m=3$	$m=4$	$m=5$	$m=2$	$m=3$	$m=4$	$m=5$
10	66.971 08	32.634 46	23.917 53	19.245 70	-46.860 64	0.168 80	0.014 60	0.000 46	-1.117 28	-3.240 52	-3.399 34	-3.411 87
20	85.801 39	35.677 45	24.464 41	19.350 36	-44.345 72	0.596 93	0.095 61	0.012 88	-3.262 31	-6.210 79	-6.633 77	-6.697 86
30	101.772 82	39.635 54	25.518 53	19.606 39	-42.033 90	1.134 99	0.259 31	0.055 39	-6.077 95	-9.097 25	-9.718 75	-9.854 22
40	115.198 24	43.730 81	26.989 50	20.117 76	-40.000 00	1.687 98	0.491 42	0.138 91	-9.291 87	-11.988 37	-12.692 82	-12.888 71
50	125.693 43	47.714 53	28.711 14	20.866 41	-38.277 51	2.200 30	0.765 90	0.263 93	-12.705 88	-14.912 08	-15.592 54	-15.817 90
60	133.673 02	51.327 27	30.535 02	21.789 21	-36.753 49	2.643 67	1.055 75	0.422 60	-16.181 28	-17.862 08	-18.442 70	-18.660 87
70	139.187 53	54.451 88	32.344 77	22.828 37	-35.358 65	3.007 59	1.338 43	0.602 53	-19.624 49	-20.815 54	-21.254 59	-21.433 87
80	142.478 89	56.986 87	34.032 26	23.901 93	-34.102 43	3.292 42	1.597 80	0.790 17	-22.975 00	-23.744 26	-24.028 38	-24.147 41
90	143.759 02	58.990 68	35.502 19	24.957 07	-33.001 39	3.504 49	1.824 07	0.973 41	-26.195 75	-26.621 02	-26.756 79	-26.805 63
100	143.484 18	60.452 77	36.761 89	25.918 61	-31.979 48	3.652 88	2.012 72	1.142 84	-29.266 02	-29.422 76	-29.428 70	-29.407 24
110	141.779 06	61.402 58	37.771 56	26.765 02	-31.038 60	3.747 48	2.163 14	1.292 22	-32.176 19	-32.131 72	-32.031 99	-31.947 22
120	139.084 29	61.889 66	38.535 06	27.482 47	-30.177 07	3.797 83	2.277 31	1.418 20	-34.924 07	-34.735 41	-34.555 42	-34.418 55
130	135.642 71	62.021 63	39.059 69	28.050 69	-29.376 65	3.812 56	2.358 70	1.519 83	-37.512 25	-37.226 02	-36.989 76	-36.813 82
140	131.667 12	61.814 79	39.383 02	28.472 44	-28.635 53	3.799 18	2.411 52	1.597 82	-39.946 31	-39.599 61	-39.328 23	-39.126 28
150	127.525 51	61.340 96	39.520 50	28.764 26	-27.933 05	3.764 01	2.440 10	1.654 03	-42.233 59	-41.855 30	-41.566 49	-41.350 53
160	123.217 73	60.681 92	39.497 72	28.935 21	-27.276 83	3.712 29	2.448 60	1.690 91	-44.382 32	-43.994 47	-43.702 49	-43.482 83
170	119.030 28	59.883 60	39.359 07	29.003 22	-26.658 99	3.648 28	2.440 81	1.711 14	-46.401 13	-46.020 15	-45.736 04	-45.521 11
180	115.011 85	58.980 27	39.121 67	28.985 51	-26.065 96	3.575 41	2.420 06	1.717 39	-48.298 62	-47.936 48	-47.668 51	-47.464 86
190	111.267 61	58.028 99	38.799 22	28.900 54	-25.510 47	3.496 41	2.389 21	1.712 18	-50.083 14	-49.748 34	-49.502 43	-49.314 90
200	107.832 49	57.061 57	38.439 15	28.765 71	-24.980 85	3.413 44	2.350 67	1.697 76	-51.762 71	-51.460 98	-51.241 14	-51.073 14

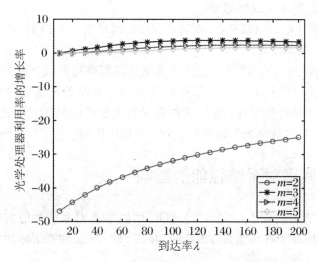

图 7.21　m 对光学处理器利用率的增长率 U_{IncR} 影响

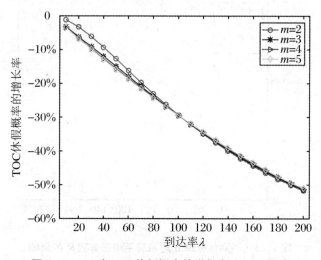

图 7.22　m 对 TOC 休假概率的增长率 $P_{\text{vac IncR}}$ 影响

由表 7.4 和图 7.21 可以看出：

（1）当 m 为 2 时，对任意到达率 $\lambda \in \{10i \mid 1 \leqslant i \leqslant 20, i \in \mathbf{N}\}$ 光学处理器利用率的增长率 $U_{\text{IncR}}(2)$ 均为负，即呈现负增长，而且非常显著。

（2）当 m 取值为 3，4，5 时，$U_{\text{IncR}}(m)$ 对不同的任务到达率均为正增长，但增长比较细微。

（3）对同一任务到达率，$U_{\text{IncR}}(3)$、$U_{\text{IncR}}(4)$ 和 $U_{\text{IncR}}(5)$ 在数值上也没有太大差别。

由表 7.4 和图 7.22 可以看出：

（1）对任意 $m \in \{2,3,4,5\}$ 和 $\lambda \in \{10i \mid 1 \leqslant i \leqslant 20, i \in \mathbf{N}\}$，$P_{\text{vac IncR}}$ 均为负增长，

且随到达率增加基本呈线性递减。

(2) 对任意 $\lambda \in \{10i \mid 1 \leqslant i \leqslant 20, i \in \mathbf{N}\}$，特别是当 $\lambda > 80$ 时，$P_{\text{vac IncR}}(m)$ 基本相等，$m \in \{2, 3, 4, 5\}$。

综上，若 $m \in \{2, 3, 4, 5, 6\}$，当整个光学处理器被均分成 2 部分时，TOC 各性能指标达到最优，且当 $m \in \{3, 4, 5, 6\}$ 时不同的小光学处理器数对各性能指标影响不大。正如所预料的那样，m 的增加将导致系统性能降低。因此，要提高整个系统的性能，最好将整个光学处理器作为一个整体使用。

7.5.4 休假率对系统性能的影响

在 7.5.2 节的基础上，本节讨论 TOC 休假率 δ 对系统性能的影响。令 $\delta \in \{0.01, 0.1, 1, 10, 100\}$，其他条件不变时，$R$、$T$、$U$ 和 P_{vac} 性能指标的实验结果如表 7.5 和图 7.23～图 7.26 所示。

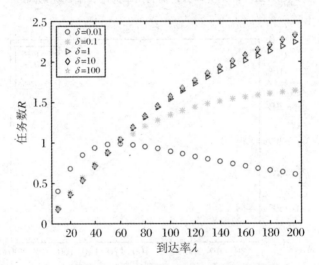

图 7.23 不同休假率 δ 对系统平均任务数 R 的影响

由表 7.5 和图 7.23 可以发现一些很有趣的现象：

(1) 当到达率 $\lambda < 60$ 时，对任一给定到达率，任务数 R 随休假率 δ 的增加基本呈减小趋势；当 $\lambda > 60$ 时，对任一给定到达率，任务数 R 随休假率 δ 的增加基本呈增加趋势。

(2) 当休假率较小如取值为 0.01、0.1 和 1 时，休假率 δ 的变化对系统平均任务数 R 有显著影响；当休假率较大如取值为 1、10 和 100 时，休假率 δ 的变化对系统平均任务数 R 几乎没有影响。

(3) 当 $\delta = 0.01$ 时，R 的变化趋势不像其他取值那样随到达率 λ 的增加呈增加趋势，而是随 λ 的增加呈先增后减趋势，且当取值为 60 时达到最大值 0.985 8。

表 7.5　休假率 δ 对 TOC 性能指标 R、T、U、P_{vac} 影响的实验结果

λ	$\delta=0.01$				$\delta=0.1$				$\delta=1$				$\delta=10$				$\delta=100$			
	R	T	U	P_{vac}	R	T	U	P_{vac}	R	T	U	P_{vac}	R	T	U	P_{vac}	R	T	U	P_{vac}
10	0.401 7	144.623 3	0.033 5	0.823 7	0.202 6	72.950 2	0.034 6	0.838 8	0.182 4	65.647 9	0.034 7	0.840 4	0.180 3	64.916 5	0.034 7	0.840 6	0.180 1	64.843 3	0.034 7	0.840 6
20	0.679 1	122.235 2	0.061 4	0.660 6	0.393 4	70.804 3	0.068 3	0.701 2	0.363 3	65.387 6	0.069 3	0.706 0	0.360 2	64.844 1	0.069 4	0.706 5	0.359 9	64.789 7	0.069 4	0.706 5
30	0.846 6	101.633 3	0.081 5	0.526 0	0.570 2	68.419 6	0.100 8	0.584 9	0.541 4	64.972 3	0.103 7	0.592 8	0.538 6	64.629 3	0.104 0	0.593 6	0.538 5	64.595 0	0.104 1	0.593 7
40	0.937 1	84.337 9	0.094 9	0.420 5	0.731 3	65.813 3	0.131 5	0.487 2	0.714 8	64.330 2	0.137 8	0.497 5	0.713 3	64.193 4	0.138 5	0.498 6	0.713 1	64.179 8	0.138 6	0.498 7
50	0.977 0	70.346 2	0.103 3	0.339 2	0.875 3	63.021 9	0.160 5	0.405 6	0.880 9	63.421 6	0.171 5	0.417 4	0.881 8	63.490 0	0.172 7	0.418 7	0.881 9	63.497 2	0.172 9	0.418 8
60	0.985 8	59.145 7	0.108 6	0.276 3	1.001 7	60.101 5	0.187 5	0.337 8	1.037 4	62.243 3	0.204 6	0.350 2	1.041 8	62.509 8	0.206 6	0.351 6	1.042 3	62.537 1	0.206 8	0.351 7
70	0.975 5	50.167 1	0.111 6	0.227 4	1.110 6	57.118 6	0.212 6	0.281 7	1.182 7	60.822 6	0.237 0	0.294 1	1.191 5	61.275 2	0.239 9	0.295 4	1.192 4	61.321 5	0.240 2	0.295 6
80	0.953 9	42.924 3	0.113 3	0.188 8	1.203 1	54.140 3	0.235 9	0.235 4	1.315 7	59.206 9	0.268 8	0.247 1	1.329 6	59.830 0	0.272 7	0.248 5	1.331 0	59.893 8	0.273 1	0.248 6
90	0.925 9	37.034 4	0.114 2	0.158 0	1.280 7	51.226 3	0.257 6	0.197 2	1.436 3	57.453 4	0.299 7	0.208 0	1.455 7	58.229 7	0.304 9	0.209 3	1.457 7	58.309 2	0.305 4	0.209 4
100	0.894 6	32.204 4	0.114 5	0.133 2	1.345 1	48.424 6	0.277 8	0.165 8	1.545 0	55.620 3	0.329 9	0.175 5	1.570 3	56.531 9	0.336 4	0.176 6	1.572 9	56.625 5	0.337 1	0.176 8
110	0.862 0	28.211 1	0.114 6	0.113 1	1.398 5	45.770 4	0.296 6	0.139 8	1.642 7	53.761 2	0.359 3	0.148 4	1.674 2	54.790 8	0.367 4	0.149 4	1.677 4	54.896 8	0.368 2	0.149 5
120	0.829 5	24.884 0	0.114 4	0.096 5	1.442 9	43.286 3	0.314 3	0.118 3	1.730 7	51.921 1	0.388 0	0.125 8	1.768 4	53.053 0	0.397 7	0.126 7	1.772 3	53.169 8	0.398 7	0.126 8
130	0.797 7	22.091 3	0.114 2	0.082 9	1.480 0	40.984 0	0.330 8	0.100 6	1.810 5	50.135 6	0.416 0	0.107 0	1.854 5	51.355 8	0.427 4	0.107 8	1.859 1	51.482 0	0.428 5	0.107 9
140	0.767 3	19.730 0	0.113 9	0.071 5	1.511 5	38.866 6	0.346 4	0.085 8	1.883 4	48.430 4	0.443 4	0.091 3	1.933 8	49.726 9	0.456 5	0.092 0	1.939 0	49.861 3	0.457 9	0.092 1
150	0.738 3	17.718 8	0.113 6	0.062 0	1.538 8	36.930 2	0.361 1	0.073 5	1.950 9	46.822 2	0.470 1	0.078 2	2.007 7	48.185 1	0.485 1	0.078 8	2.013 6	48.326 7	0.486 7	0.078 8
160	0.710 8	15.992 6	0.113 4	0.054 0	1.562 9	35.166 4	0.375 1	0.063 3	2.014 2	45.320 2	0.496 3	0.067 2	2.077 4	46.741 3	0.513 3	0.067 7	2.084 0	46.889 2	0.515 1	0.067 7
170	0.684 6	14.498 1	0.113 2	0.047 2	1.584 9	33.563 0	0.388 4	0.054 7	2.074 3	43.927 0	0.522 0	0.057 9	2.143 9	45.399 6	0.541 0	0.058 4	2.151 1	45.553 2	0.543 0	0.058 4
180	0.659 6	13.193 3	0.113 0	0.041 4	1.605 3	32.106 0	0.401 1	0.047 4	2.132 0	42.640 2	0.547 2	0.050 1	2.208 0	44.159 1	0.568 4	0.050 5	2.215 9	44.317 8	0.570 6	0.050 5
190	0.635 2	12.034 4	0.112 8	0.036 4	1.624 5	30.780 1	0.413 3	0.041 3	2.187 8	41.453 5	0.572 0	0.043 6	2.270 2	43.014 3	0.595 4	0.043 9	2.278 8	43.177 8	0.597 8	0.043 9
200	0.610 8	10.994 1	0.112 7	0.032 2	1.642 7	29.569 2	0.425 0	0.036 1	2.242 1	40.357 6	0.596 5	0.038 0	2.330 9	41.956 9	0.622 0	0.038 2	2.340 3	42.124 7	0.624 7	0.038 2

因此,为提升系统性能,当 $\lambda < 60$ 时,休假率 δ 最好不选择 0.01;当 $\lambda > 60$ 时,休假率 δ 最好选择 0.01。

产生上述现象的原因是休假率 δ 表示单位时间内 TOC 进行同步休假次数。因为本书中到达率 λ 表示每小时到达的任务数,因此休假率 δ 可理解为每小时 TOC 进行同步休假次数。当其取值很小,如取 0.01 时,表示 TOC 在单位时间内几乎不休假;当其取值较大,如 100 时,表示 TOC 频繁进行休假时间服从某一负指数分布的休假。因此,当休假率 δ 很小,如取值 0.01 时,TOC 基本不休假,对 7.5.1 节所设置的参数,再结合图 7.25 可知,光学处理器利用率 U 很低在 20% 以下,即基本只需一个小光学处理器即可完成不同任务到达率下到达的任务;当休假率增加时,很可能因休假结束时系统中有多个任务等待处理而导致 R 增加。

由图 7.24 和表 7.5 可以看出:

(1) 在不同休假率 δ 下,响应时间 T 不像任务数 R 那样随任务到达率 λ 的增加呈现两种不同变化趋势,而是只呈现一种变化趋势,即单调递减。

(2) 在不同休假率 δ 的作用下,系统响应时间 T 随到达率 λ 增加的减少速率很不一样:特别地,当休假率 $\delta = 0.01$ 时,响应时间 T 随到达率 λ 增加不像系统平均任务数 R 那样呈先增后减趋势,而是呈负指数幂递减;对休假率 δ 的其他不同取值,响应时间 T 随到达率 λ 增加基本呈线性递减。

(3) 对任一给定的到达率 λ,当休假率 δ 从 1 增加至 100 时,对响应时间 T 几乎没有影响。

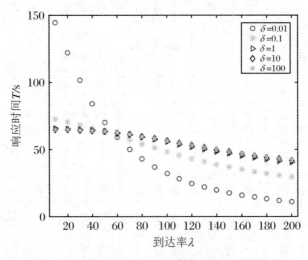

图 7.24　不同休假率 δ 对系统响应时间 T 的影响

由图 7.25 和表 7.5 可以看出:

(1) 在不同休假率 δ 的作用下,对任一给定的到达率 λ,光学处理器利用率 U 随休假率 δ 的增加基本呈增长趋势,且当休假率 δ 从 1 增至 100 时,U 的增长不明显;特别地,当休假率 δ 从 10 增至 100 时光学处理器利用率 U 几乎没有变化。

(2) 当休假率 $\delta = 0.01$ 时,光学处理器利用率 U 随到达率 λ 的增加先增加,当 $\lambda = 110$ 时达到最大值,而后随 λ 的增加呈减小趋势,但很不明显;当休假率 δ 取其他值时,U 随到达率 λ 的增加均呈显著增长趋势。其原因:由休假率的概念可知,当休假率较低如取 0.01 时,表示 TOC 几乎不休假,在 7.5.1 节参数设定下即便到达率较高时每到达一个请求也只需一个小光学处理器(从 5 个小光学处理器中选择其中一个)即可很快完成,所以其利用率较低;当休假率 δ 增加时,TOC 在单位时间内的同步休假次数增加,结束休假时系统中很可能会有多个任务等待处理系统便会分配多个小光学处理器同时处理这些等待任务从而使光学处理器利用率增加。当休假率 δ 增加到一定数值如由 10 增至 100 时,再结合图 7.23、图 7.24 和图 7.26,光学处理器利用率 U 几乎不变的原因可能是:在不同的休假率 δ 作用下,当到达率 λ 较低时,TOC 休假概率 P_{vac} 均较高,TOC 休假次数多、休假重数低可在一定程度上等效于休假次数低、休假重数高;当到达率 λ 较高时,即便休假率 δ 设置得较高,系统总因为有任务待处理且 TOC 休假概率 P_{vac} 较低而很少进入或不能进入"休假"状态,导致休假率的设置无效,而主要受任务到达率 λ 的影响。

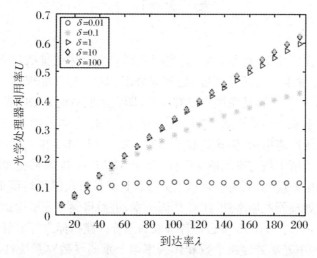

图 7.25　不同休假率 δ 对光学处理器利用率 U 的影响

由图 7.26 和表 7.5 可以看出:

(1) 对任一给定的到达率 λ,TOC 休假概率 P_{vac} 随休假率 δ 的增加而增加。

(2) 休假率 $\delta = 0.01$ 时的 TOC 休假概率 P_{vac} 显著低于其他休假率 δ 的取值,且休假率 δ 取其他数值时,P_{vac} 的变化不明显。

(3) 对不同的休假率取值,TOC 休假概率 P_{vac} 均呈负指数幂减少趋势。其原因请读者自行分析。

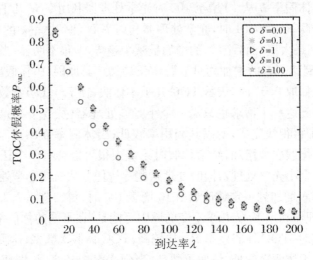

图 7.26　不同休假率 δ 对 TOC 休假概率 P_{vac} 的影响

本 章 小 结

　　为分析和评价 TOC 性能,本章首先引入同步多重休假排队建立 TOC 四阶段服务模型,休假发生于由任务调度、处理器分配、TOC 光学处理器完成运算、解码器解码构成的第三阶段,且系统中没有任务,即空竭服务时,TOC 光学处理器才开始休假。选取系统平均请求数、平均响应时间、TOC 光学处理器利用率、TOC 休假概率作为系统性能指标,构建其数学模型。基于 M/M/1 排队系统得到第一、二和四阶段的平均请求数与平均响应时间,基于 M/M/m 排队系统和同步多重休假构建第三阶段服务模型,同时引入拟生灭过程计算该阶段的平均请求数、平均响应时间以及光学处理器利用率和 TOC 休假概率,进而得到系统平均请求数和平均响应时间。最后,利用 Matlab 平台对各选取的系统性能指标进行数值仿真。结果表明,被均分成的小光学处理器个数和休假率两个重要参数对系统性能产生重要影响。同时,还对实验结果进行了详细分析,解释了其中缘由。

　　善于思考的读者会发现,在“双碳”目标下第三阶段中各小光学处理器若进行异步休假将在一定程度上节约能耗。为此,我们将在下一章基于异步休假策略研究 TOC 性能。

第 8 章 基于异步多重休假的三值光学计算机性能分析与评价

第 7 章基于同步休假排队建立了能反映三值光学计算机因故障需要维修或整个光学处理器需要定期维护事实的性能分析与评价四阶段服务模型。从第 7 章可知,当休假率较小如为 0.01 时,随着到达率的增加被均分的小光学处理器不能得到充分利用,同时处于"空闲"状态的小光学处理器也不能休假。为此,本章考虑基于异步休假排队建立三值光学计算机性能分析与评价模型。

8.1 绿色计算与异步休假

8.1.1 绿色计算

伴随着人工智能、云计算等新一代信息技术的蓬勃发展,数据密集型和计算密集型的应用场景不断涌现,导致计算对能量的利用日益暴露出能耗高、效率低、浪费多等诸多问题。降低能耗、构建绿色计算不仅成为计算领域一个亟待解决的重大课题,而且也成为影响生态和社会可持续发展以及国家发展战略的一个重要因素。为此,在"双碳"目标下,绿色计算更加吸引了学界和业界的极大关注。

产生高能耗的因素主要包括处理数据时产生的运行能耗、处于开机状态而未运行任务的空闲机器消耗的无效能耗、不合理任务调度策略和算法导致的"奢侈"能耗以及因处理过程中需要节点通信而产生的通信能耗。

为降低运行能耗,众多研究者对绿色计算进行了广泛的研究。动态电压频率调整(dynamic voltage and frequency scaling,DVFS)技术是业界和学界公认的有效能耗方法之一,被广泛应用于控制 CPU 能耗,因为它根据应用程序对算力需求的实时状态动态调节芯片的运行频率和电压以达到降低运行能耗的目的。Hosseinioun 等 2020 年提出一种基于 DVFS 技术的能量感知方法以降低能耗,并采用一种混合入侵杂草优化与培养进化算法进行优化求解[73]。Stavrinides 等 2019 年基于 DVFS 技术提出了一种节能、感知 QoS 又具有成本效益的云计算系统实时工作流调度策略,以权衡结果的精确性、服务的及时性和能源效率,并将成本保持在一个合理的水平[74]。

显然,为降低无效能耗,直接关闭一些空闲计算节点不失为一种明智选择。Xie 等 2017 年提出了一种能量感知处理器归并算法选择关闭最有效的空闲处理器,实验结果验证了所提出的算法在不同尺度、并行度和异构度下都能有效降低能耗[75]。Medara 等 2021 年提出一种基于能量感知的工作流调度算法,采用水波优化算法找到合适的迁移计划,以提高整体资源利用率、降低能耗,并将虚拟机(virtual machine,VM)迁移到合适目标主机后关闭空闲主机[76]。

为降低"奢侈"能耗,学者们提出了许多新的调度策略和算法。Gu 等 2020 年提出了一种基于蝙蝠算法的能量感知、时间和吞吐量优化启发式算法,在确保不造成 QoS 重大损失的前提下,实现计算密集型工作流的能量消耗和执行时间最小化的同时最大化吞吐量[77]。2021 年 Han 等提出了一种云环境下有效的启发式工作流调度算法使成本和最大完工时间均达到最小化。该算法在搜索最优解过程中避免探索无用资源以缩小搜索空间,将快速非支配排序方法与基于移位密度估计的拥挤距离相结合提出了一种新的非支配解选择方法,设计精英学习策略使解接近真实帕累托前沿(Pareto front)以避免陷入局部最优[78]。2012 年谭一鸣等用排队模型对云计算系统进行建模,分析其平均响应时间和平均功率,建立其能耗模型,提出基于大服务强度和小执行能耗的任务调度策略,分别对无效能耗和"奢侈"能耗进行优化控制,进而设计满足性能约束的最小期望执行能耗调度算法[79]。

除网络通信中专门研究通信能耗外,为了简化计算,多数学者研究计算系统的能耗时都选择忽略节点通信能耗[73-79]。但对通信密集型计算,通信带来的能耗不能被忽略。2017 年 Zhang 等针对通信密集型计算基于遗传算法构造了一个低能耗和高可靠性双目标调度算法,其中的能耗不仅包含计算节点能耗而且也包含节点间的通信能耗[80]。

综上,在"双碳"目标下,众多计算领域研究者想尽一切办法来降低计算能耗以实现绿色计算。虽然 TOC 的能耗较低,但作为 TOC 的研究者,我们有责任降低其能耗。特别地,由第 7 章 7.5.4 节可知,当 TOC 休假率较低时整光学处理器的利用率较低,许多光学处理器处于"空闲"状态而产生无效能耗。为此,本章将基于异步休假策略建立 TOC 性能分析与评价模型,同时在一定程度上降低系统能耗。

8.1.2 异步休假

异步休假(asynchronous vacation)与同步休假一样,都是对多服务台而言。但不像同步休假那样各服务台同步进入和终止休假,而诸服务台可独自地进入和终止休假状态。如果某服务台完成服务时系统中无顾客或任务等待,它就单独地开始一个随机长度休假。此时其他服务台可能处于"工作"状态,也可能处于"休假"状态。若服务台休假完毕时系统内仍无顾客或任务等待就接续另一次随机长度休假,称为异步多重休假策略。类似地,每个服务台恰好休假一次就结束休假,称为异步单重休假。若完成服务时系统中无等待顾客,该服务台关机,再有顾客利用前需经历一个启动时间,称为异步启动策略。还可以考虑其他的异步休假策略,例如在系统中有顾客等待时也可进入休假的情况,等等。

异步休假策略通常与限量休假(limited vacation)策略结合在一起使用。限量休假是指限制可进入"休假"状态的服务台个数。当系统中共有 m 个服务台,无论系统中有无顾客或任务最多只允许 d 个服务台休假,其中 $m \geqslant d \geqslant 0$,且 $d \in \mathbf{N}$,称为 d 限量部分休假策略。

近年来,不少学者运用异步休假排队对一些并行计算平台特别是云计算的节能进行针对性研究。例如:2020 年,Jin 等提出了一种基于唤醒阈值的睡眠模式的集群 VM 分配策略,建立具有 N 策略的队列和部分服务器异步休假,利用该策略捕获任务随机行为,并根据任务平均延迟和系统节能率得出性能指标[81]。2017 年,Jain 等考虑带有服务器故障和两类备件的多服务器机器维修问题的异步休假策略[82]。根据该策略,当某服务完成且有一定数量服务器空闲时,这些服务器将一起进行一次随机长度的异步休假。如果休假条件得到满足,可以继续休假。每个服务器只在工作状态下发生故障,并且可以根据指数服务时间分布进行修复。同时,选取"空闲"服务器、"工作"服务器和"休假"服务器的期望数量作为性能指标,使用矩阵几何法求得其大小分布,并进行了敏感性分析以检查参数对各性能指标的影响。2019 年,王金亭等研究了具有异步和同步多重休假的 M/M/k 排队系统中顾客的均衡加入策略[83]。将到达的客户按其面临不同的信息级别分为 4 类,即完全可观察、几乎可观察、几乎不可观察和完全不可观察,他们根据其服务效用决定是否加入或放弃系统,并从社会福利的角度将其应用于交通问题分析了顾客的均衡策略。研究发现,当交通密度较低时,异步休假政策下的均衡社会福利高于同步休假政策下的均衡社会福利;当交通密度较高时,则相反。2019 年金顺福等建立了一个带有二次可选服务且部分虚拟机异步多重休假的云服务排队模型,以系统节能率与匿名用户平均响应时间为性能指标,综合匿名用户的服务收益与等待服务所消耗的时间成本,建立了收益函数[84]。仿真结果揭示了匿名用户纳什均衡到达率与社会最优到达率之间的关系。尹东亮等引入多维修台异步单重和多重休假策略,构建考虑多维修台异步单重和多重休假的温贮备冗余系统可靠性模型,探讨了维修台工作速率和系统可靠性之间的关系[85-86]。结果表明,他们所提出的可靠性模型能够有效复现多维修台调度对冗余系统可靠性的影响,从而为维修台数量的合理安排及系统部件数量的优化配置提供理论基础和实践参考。

因此,我们可借鉴这些研究成果,让异步休假策略像同步休假策略一样为三值光学计算机性能分析与评价提供理论和技术支撑,从而为三值光学计算机发展添光溢彩。下面将重点讨论如何将异步多重休假策略与限量休假策略相结合建立三值光学计算机分析与评价模型。

8.2 三阶段三值光学计算机服务模型

8.2.1 三值光学计算机的计算模式及其主要功能模块

为提升 TOC 性能,重新设计 TOC 主要功能模块,如图 8.1 所示。可以看出,虽然仍采用 Client/Server 的计算模式,但同第 5~7 章相比较,Client 的功能有所不同。Client 除了提供输入界面以方便用户输入运算和数据外,其主要功能是提升用户体验和系统性能,在用户点击"提交"按钮时,不但要将运算分解成所需的二元三值逻辑计算,计算逻辑运算个数、各逻辑运算的运算量及总运算量,还要将用户输入的数据转换成用于完成运算的控制码,最后将其打包发送至 Server 的接收器。这一点不同于第 5~7 章的 TOC 四阶段服务模型,在四阶段模型中提交运算请求时以通信码表示数据,然后再由数据预处理模块将通信码表示的数据转换成用于完成运算的控制码。

由图 8.1 可以看出,Server 即 TOC 由上位机(host computer,HC)和下位机(slave computer,SC)组成,且上位机主要包括接收器 R(receiver)、任务调度器 S(scheduler)、资源管理器 M(manager)和结果发送器 T(transmitter)等四个模块,下位机主要包括光学编码器(optical encoder,OE)、光学处理器(optical processor,OP)及其重构元件和光学解码器(optical decoder,OD)等三个部分。各模块相互协调,有机地构成三值光学计算机软硬件系统,从而完成用户提交的计算需求。

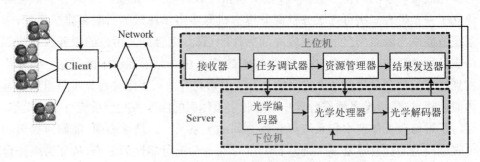

图 8.1 三值光学计算机的计算模式及其主要功能模块

8.2.2　三阶段三值光学计算机服务模型

第 7 章构建了带多重同步休假的四阶段三值光学计算机服务模型。根据 8.2.1 节的功能描述,本节拟构建带休假的三阶段三值光学计算机服务模型,如图 8.2 所示。可以看出,该模型由阶段 1、阶段 2 和阶段 3 三个阶段组合而成,且每个阶段都有一个队列,它们依次为接收队列(receiving queue,RQ)、调度队列(scheduling queue,SQ)和发送队列(transmitting queue,TQ)。假设各队列的排队规则都是先到先服务(first-come-first-served,FCFS),且各队列都是阻止请求延迟的(blocked request delay)。各阶段的主要功能如下:

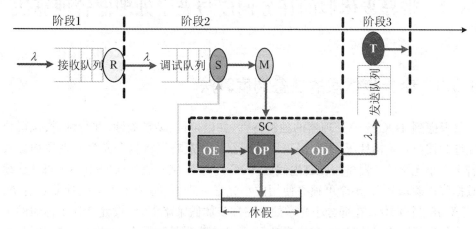

图 8.2　带休假的三阶段三值光学服务模型(参见彩图)

阶段 1　与第 4~6 章中各接收模块功能一样:各用户提交的运算请求以平均到达速率 λ 到达接收器 R 时,它首先按 FCFS 策略将其插入 RQ,而后在 RQ 非空时从其中依次取出各运算请求,并将其发送至调度器 S。经此操作后,用户的运算请求就转换成 TOC 中的任务。

阶段 2　此阶段包含的功能模块比较多,主要有调度器 S、资源管理器 M 以及下位机 SC。S 将接收到的任务依次插入调度队列 SQ,而后按某种调度策略对 SQ 中的任务进行调度,即将其发送至下位机的光学编码器 OE;M 按某种分配策略为刚调度的任务分配光学处理器的数据位资源,查找任务所需二元三值逻辑运算器的重构码,并将分配信息和重构信息发送至下位机的光学处理器 OP;OE 接收到控制码表示的数据后将电信号转换成光信号(水平偏振光、垂直偏振光和无光);OP 的光学重构部件首先以全并行方式完成运算器的重构,然后对编码器发送过来的光进行变换即完成光运算;光学解码器 OD 对运算结果进行解码,即将光信号转换成电信号,然后判断其是否是最终运算结果。如果是,将其发送至上位机的发送器,否则将其发送至编码器以参与其他运算。另一方面,某个任务完成时,若 SQ

中没有任务需要运算,S 向下位机发送"休假"信号,下位机将按某种策略进行休假;当休假结束时,向 S 发送"休假结束"信号。SQ 中若有任务,则进行任务调度。

阶段 3   此阶段中的运算结果发送器 T 将其接收到的运算结果依次插入发送队列 TQ,而后将 TQ 中的运算结果按 FCFS 策略发送至相应的 Client。

阶段 1、阶段 2 和阶段 3 三个阶段首尾相接构成一个串联排队模型。同第 4~6 章提出的四阶段 TOC 服务模型相比,本章提出的 TOC 计算模式中已将数据预处理置于 Client 端,且该模型只有三个阶段。基于此,可以断言:同以前模型相比,该模型将对系统性能有较大提升作用。

8.3　带异步休假的任务调度与光学处理器管理算法

8.3.1　带异步休假的任务调度算法

考虑到 TOC 光学处理器的独特特性,如巨位性、易扩展性、并行性、按位可分配性和按位可重构性等,本文仍采用处理器均分策略先将整个光学处理器均分成若干个小光学处理器备用。首先假设 TOC 共有 N 位三值数据位(trits),将其连续数据位资源均分为 m 个可独立使用的小光学处理器,每个小光学处理器具有 N_s $=\lfloor N/m \rfloor$ 个 trits。在部分小光学处理器异步休假策略下,假设允许异步休假的小光学处理器数为 d。显然,在该策略下,每个小光学处理器有三种状态:"空闲""工作"和"休假",分别用"I""B"和"V"表示。其转换关系如图 8.3 所示。与图 7.3 相比,虽都有"空闲""工作"和"休假"三种状态,但它们之间存在两个方面不同:

其一,考察对象不同:图 7.3 中"工作"与"空闲"两种状态既可指每个小光学处理器所处状态,也可指整个 TOC 所处状态,"休假"是指整个 TOC 可能处于的状态,而图 8.3 中三种状态均指被均分成的各小光学处理器可能处于的状态。

其二,休假策略不同:图 7.3 中的休假是同步多重休假,即每个小光学处理器均步调一致地开始休假和结束休假,图 8.3 中的休假是异步多重休假,即各小光学处理器互不干扰地独自休假。

调度器 S 执行的 TOC 任务调度算法如算法 8.1 所示,其流程如图 8.4 所示。

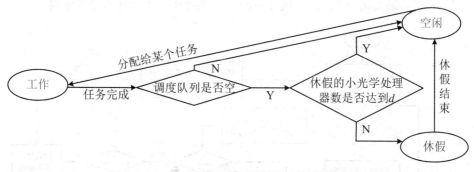

图 8.3　小光学处理器三种状态间的转移图

算法 8.1　部分小光学处理器异步休假策略下 TOC 任务调度算法

输入：调度队列 SQ。

输出：调度的任务 Task，即将其发送至下位机 SC。

Step 1：系统参数初始化。初始化任务调度队列 SQ 为空，并将其长度 L_{SQ}、处于休假状态小光学处理器数 d_{vac}、正在处理的任务数 N_{pring} 均置为 0。

Step 2：当有任务到达时，S 首先按 FCFS 策略将其插入 SQ，L_{SQ} 增 1，转至 Step 3。

Step 3：判断是否有处于"I"状态的小光学处理器，即 N_{pring} 是否小于 $m\text{-}d_{vac}$。若是，转至 Step 4；否则，转至 Step 10。

Step 4：从 SQ 中调度一个任务即将其发送至下位机 SC，N_{pring} 增 1，L_{SQ} 减 1，并将相关信息发送至资源管理器 M，M 按算法 7.2 为其分配处理器资源，转至 Step 5。

Step 5：判断 L_{SQ} 是否为 0。若是，转至 Step 10；否则，转至 Step 3。

Step 6：S 接收到 SC 发送的"i 完成"（在第 i 个小光学处理器上执行的任务完成）信号时，N_{pring} 减 1，转至 Step 7。

Step 7：判断 L_{SQ} 是否大于 0。若大于 0，则转至 Step 3；否则，转至 Step 8。

Step 8：判断 d_{vac} 是否等于 d。若是，向 M 发送"iI"让刚完成任务的第 i 个小光学处理器处于"I"状态；否则，d_{vac} 增 1，向 M 发送"iV"让刚完成任务的第 i 个小光学处理器处于"V"状态，转至 Step 10。

Step 9：S 接收到 SC 发送的"休假结束"信号时，d_{vac} 减 1，向 M 发送"iI"让刚完成休假的第 i 个小光学处理器处于"I"状态，转 Step 10。

Step 10：算法结束。

由算法 8.1 和图 8.4 可以看出，S 进行任务调度，直到没有空闲小光学处理器或 SQ 中没有任务时，算法结束。同时，当某个任务结束时，若 L_{SQ} 为 0，S 向 M 可能发送两种不同信号"iI""iV"。M 进行处理器资源回收时，依据从 S 接收到的不同信号进行处理：若接收到的信号为"iI"，则将刚完成任务的小光学处理器置为"空闲"，即"I"状态；若接收到的信号为"iV"，则将刚完成任务的小光学处理器置为"休假"，即"V"状态。也就是说，仅当空竭服务且处于休假状态的小光学处理器

数 d_{vac} 未到达最大值 d 时,刚完成任务的小光学处理器才能开始异步休假。

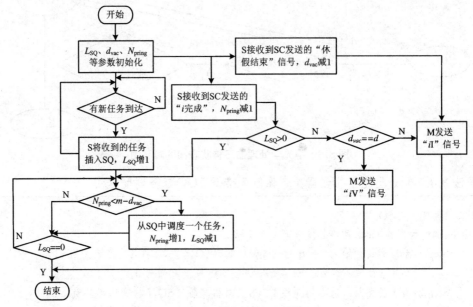

图 8.4　算法 8.1 流程图

8.3.2　带异步休假的光学处理器管理算法

资源管理器 M 执行的处理器分配算法和资源回收算法分别如算法 8.2 和算法 8.3 所示。

算法 8.2　处理器分配算法

输入:长度为 m、存储各小光学处理器状态的一维数组 S。

输出:分配出去的小光学处理器序号 i,即将 i 发送至 TOC。

Step 1:系统参数初始化。将各小光学处理器的状态 $S[0\cdots m-1]$ 均置为"I", $i=0$(i 用于指示当前待分配的小光学处理器)。

Step 2:当有调度信息到达 M 时,转 Step 3。

Step 3: $i=i \bmod m$,转 Step 4。

Step 4:判断 $S[i]$ 是否为"I"。若是,将 $S[i]$ 置为"B",转至 Step 5;否则, i 增 1,转至 Step 3。

Step 5: $k=1$。

Step 6:判断 k 是否大于任务所需二元三值逻辑运算个数 N_{Log}。若是,转至 Step 8;否则,转至 Step 7。

Step 7:将第 i 个小光学处理器的 trits 按比例分配给任务的每个二元三值逻辑运算。即

$$N_k = \frac{C_k}{C} \times N_s, 其中 C_k (k = 1, 2, \ldots, N_{\text{Log}}) 表示第 k 个运算的运算量, C = \sum_{k=1}^{N_{\text{Log}}}$$

C_k 。 k 增 1,转至 Step 6。

Step 8:将分配结果发送至 TOC。

由算法 8.2 可以看出,该算法仍采用按比例分配策略来分配小光学处理器的数据位资源以确保任务中各二元三值逻辑运算同时完成。

算法 8.3　处理器回收算法

输入:长度为 m、存储各小光学处理器状态的一维数组 S。

输出:将序号为 i 的小光学处理器回收,即将 $S[i]$ 置为非"B"状态。

Step 1:将从 S 接收到的信息进行分离,并将分离出来的"i"和状态"I"或"V"分别赋值给 i 和 s。

Step 2:判断 i 的合法性,即判断 i 是否属于 $[0, m-1]$,且 $i \in \mathbf{N}$。若是,则 $S[i] = s$,转 Step 3。否则,输出"i 值有误",转 Step 4。

Step 3:判断 s 是否为"I"。若是,转至 Step 4;否则,向 SC 发送"V",让刚完成任务的小光学处理器休假,并转至 Step 4。

Step 4:算法结束。

由算法 8.1 和算法 8.3 可以看出,不仅要回收处于"空闲"即"I"状态的小光学处理器,还要回收处于"休假"即"V"状态的小光学处理器。

8.4　基于异步休假的三阶段性能分析与评价模型

本节同样选取响应时间 T、任务数 R 和 TOC 利用率 U 等作为性能评价指标。其中,响应时间 T 是指用户从提交运算请求到接收到运算结果所需要的时间,即

$$T = \sum_{1}^{3} T_i \qquad (8.1)$$

$T_i (i = 1, 2, 3)$ 表示图 8.2 所示服务模型中第 1 至第 3 各阶段中的平均服务时间;任务数 R 是指系统中各阶段平均任务数之和,即

$$R = \sum_{1}^{3} R_i \qquad (8.2)$$

$R_i (i = 1, 2, 3)$ 表示第 1 至第 3 各阶段中的平均任务数。

8.4.1　阶段 1 的性能分析与评价模型

用一个服务器实现接收器的功能,即接收用户发送的运算请求。因此,为简化起见,仍选用 M/M/1 排队系统对其建模,具体模型描述如下:

(1) 假设运算请求的到达服从 Poisson 分布,即请求到达率 λ 服从独立同分布的负指数分布。

(2) 接收器 R 的服务机制为先到先服务(first-come-first-served,FCFS)。

(3) 接收器 R 的服务速率 μ_1 服从独立同分布的负指数分布。

(4) 网络传输速率为 ξ。

(5) 请求中待传输的平均数据量为 D。

类似地,可得

$$R_1 = \frac{\lambda}{\dfrac{\xi}{D} - \lambda}, \quad T_1 = \frac{1}{\dfrac{\xi}{D} - \lambda} \tag{8.3}$$

其中,λ 为单位时间内请求平均到达率,μ_1 为单位时间内平均接收率。

8.4.2　阶段 2 的性能分析与评价模型

1. 性能分析模型的建立

同样,由 Burke 定理[8,9]知,任务到达阶段 2 的到达率仍为 λ。由 8.3 节的描述可知,将整个光学处理器均分为 m 个小光学处理器,故考虑用 M/M/m 排队系统对其进行建模,同时考虑部分小光学处理器多重休假,具体模型描述如下:

(1) d 表示允许异步休假的小光学处理器数,即 $1 \leqslant d \leqslant m$。

(2) 平均计算量 C 为平均数据量 D 的 200 倍即 $C = 200D$。

(3) 整个光学处理器的处理器速率为 σ,服务速率 μ_2 服从独立同分布的负指数分布,即 $\mu_2 = \sigma/(200D)$,每个小光学处理器的服务速率 $\mu_{2s} = \sigma/(200mD)$。

(4) 休假时间服从参数为 δ 独立同分布的负指数分布,其中 δ 为休假率。

(5) 系统达到平稳状态下,t 时刻阶段 2 中的任务数为 $L_v(t)$,处于"休假"即"V"状态的小光学处理器数为 $V(t)$。

(6) 因为光学处理器的重构是全并行的,所需时间非常小,故将其忽略。

(7) 随机变量 μ_2、δ 与任务到达率 λ 彼此之间相互独立。

由前述可知,在时刻 t 处于"休假"状态的小光学处理器数 $V(t)$ 不超过 d,有 $m-d$ 个小光学处理器供用户使用。当 $0 \leqslant L_v(t) \leqslant m-d$ 时,处于"休假"状态的小光学处理器数达到最大值 d,$L_v(t)$ 个处于"工作"状态,其余的处于"空闲"状态;当 $m-d < L_v(t) \leqslant m$ 时,系统中至少有 $m-L_v(t)$ 个正在"休假"且没有"空闲"的小光学处理器;当 $L_v(t) > m$ 时,没有处于"空闲"状态的小光学处理器,但可能有小光学处理器处于"休假"状态。

下面利用拟生灭(quasi birth-death,QBD)过程,求解系统处于稳态下的阶段 2 中的任务数 R_2 和等待时间 T_2。t 时刻阶段 2 中的任务数 $L_v(t)$ 与处于"休假"状态的小光学处理器数 $V(t)$ 组合成 $\{(L_v(t),V(t))\}$,其构成一个二维 Markov 过程和一个 QBD 过程,其状态空间 Ω 如下:

$$\Omega = \{(k,d)\mid 0 \leqslant k \leqslant m-d\} \bigcup \{(k,j)\mid m-d < k \leqslant m, m-k \leqslant j \leqslant d\}$$
$$\bigcup \{(k,j)\mid m \leqslant k, 0 \leqslant j \leqslant d\}$$

当有任务被插入调度队列 SQ、运算完成和小光学处理器休假结束时,状态发生会改变。当 $m=6$、$d=3$ 时,按层次将该过程的状态排序可得其状态转移机制如图 8.5 所示。图 8.5 中自下而上 4 层分别表示 0~3 个小光学处理器休假。例如,状态(7,2)表示阶段 2 中当前有 7 个任务,且 2 个小光学处理器处于"休假"状态,其余 4 个处于"工作"状态。当有任务进入 SQ 队列时(7,2)以 λ 速率转移至状态(8,2);下位机以 $4\mu_{2s}$ 的服务速率运行,因此状态(7,2)以 $4\mu_{2s}$ 速率转移至状态(6,2);若其中 1 个小光学处理器休假结束,状态(7,2)以 2δ 速率转移至状态(6,1)。状态(5,1)表示阶段 2 中当前有 5 个任务,且有 1 个小光学处理器处于"休假"状态,其余 5 个均在"工作"状态。当有一个任务以服务速率为 $5\mu_{2s}$ 被完成时,如果 SQ 中没有任务,则状态(5,1)以速率 $5\mu_{2s}$ 转移至状态(4,2)。

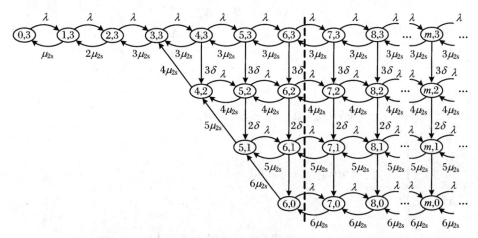

图 8.5　允许 3 个小光学处理器异步多重休假 M/M/6 排队的状态转移机制图

将图 8.5 中各状态按自左向右、自上而下顺序排列,可得图 8.5 中虚线左侧各状态的无穷小生成元矩阵 G 为

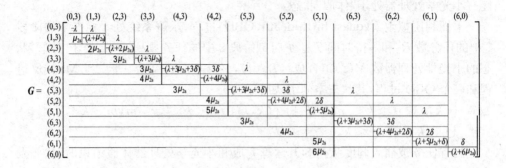

可将具有部分小光学处理器异步休假的无穷小生成元矩阵 $\boldsymbol{G}$ 写成如下分块三角阵：

$$
\boldsymbol{G} = \begin{bmatrix}
\boldsymbol{A}_0 & \boldsymbol{C}_0 & & & & & \\
\boldsymbol{B}_1 & \boldsymbol{A}_1 & \boldsymbol{C}_1 & & & & \\
& \boldsymbol{B}_2 & \boldsymbol{A}_2 & \boldsymbol{C}_2 & & & \\
& & \boldsymbol{B}_3 & \boldsymbol{A}_3 & \boldsymbol{C}_3 & & \\
& & & \ddots & \ddots & \ddots & \\
& & & & \boldsymbol{B}_n & \boldsymbol{A}_n & \boldsymbol{C}_n \\
& & & & & \boldsymbol{B} & \boldsymbol{A} & \boldsymbol{C} \\
& & & & & & \boldsymbol{B} & \boldsymbol{A} & \boldsymbol{C} \\
& & & & & & & \ddots & \ddots & \ddots
\end{bmatrix}
$$

其中,

$$
\boldsymbol{A}_k = \begin{cases}
(-(\lambda + k\mu)), & 0 \leqslant k \leqslant m-d, \\[2mm]
\begin{bmatrix}
-h_d & d\delta & & & \\
& -h_{d-1} & (d-1)\delta & & \\
& & \ddots & \ddots & \\
& & & -h_{m-k-1} & (m-k-1)\delta \\
& & & & -(\lambda + k\mu)
\end{bmatrix}_{(k-m+d+1)\times(k-m+d+1)} \\[2mm]
\qquad m-d < k \leqslant m
\end{cases}
$$

$$
h_n = \lambda + (m-n)\mu + n\delta, \quad 0 \leqslant n \leqslant d
$$

$$\boldsymbol{B}_k = \begin{cases} (k\mu), & 1 \leqslant k \leqslant m-d, \\[2pt] \begin{bmatrix} (m-d)\mu & & & & \\ & (m-d+1)\mu & & & \\ & & \ddots & & \\ & & & (k-1)\mu & \\ & & & & k\mu \end{bmatrix}_{(k-m+d+1)\times(k-m+d)} \\[2pt] \quad m-d < k \leqslant m \end{cases}$$

$$\boldsymbol{C}_k = \begin{cases} (\lambda), & 0 \leqslant k \leqslant m-d \\[2pt] \begin{bmatrix} \lambda & & & \\ & \lambda & & \\ & & \ddots & \\ & & & \lambda \end{bmatrix}_{(k-m+d+1)\times(k-m+d+1)}, & m-d < k \leqslant m \end{cases}$$

$\boldsymbol{A}, \boldsymbol{B}, \boldsymbol{C}$ 均为 $d+1$ 阶方阵,且 $\boldsymbol{C} = \lambda \boldsymbol{I}$,

$$\boldsymbol{A} = \begin{bmatrix} -h_d & d\delta & & & \\ -h_{d-1} & & (d-1)\delta & & \\ \ddots & & & \ddots & \\ & -h_1 & & \delta & \\ & & -(\lambda+m\mu) \end{bmatrix}_{(d+1)\times(d+1)}$$

$$\boldsymbol{B} = \begin{bmatrix} (m-d)\mu & & & \\ & (m-d+1)\mu & & \\ & & \ddots & \\ & & & m\mu \end{bmatrix}_{(d+1)\times(d+1)}$$

2. 基于率阵的模型求解

令 $\rho_2 = \dfrac{\lambda}{\mu_2}$,当 $\rho_2 < 1$ 时,矩阵方程

$$\boldsymbol{R}^2 \boldsymbol{B} + \boldsymbol{R} \boldsymbol{A} + \boldsymbol{C} = 0 \tag{8.4}$$

的最小非负解

$$R = \begin{pmatrix} r_{00} & r_{01} & r_{02} & \cdots & r_{0,d-1} & r_{0d} \\ & r_{11} & r_{12} & \cdots & r_{1,d-1} & r_{1d} \\ & & r_{22} & \cdots & r_{2,d-1} & r_{2d} \\ & & & \ddots & \vdots & \vdots \\ & & & & r_{2,d-1} & r_{d-1,d-1} \\ & & & & & \rho_2 \end{pmatrix} \quad (8.5)$$

称为率阵[10, 86]。其中，$r_{kk}(0 \leqslant k \leqslant d)$是一元二次方程

$$(m - d + k)\mu x^2 - [\lambda + (m - d + k)\mu + (d - k)\delta]x + \lambda = 0, \quad 0 \leqslant k \leqslant d \quad (8.6)$$

在$(0, 1)$内的根，$r_{dd} = \rho_2 < 1$，且非对角线元素满足

$$(m - d + k)\mu \sum_{i=j}^{k} r_{ji} r_{ik} - (\lambda + (m - d + k)\mu + (d - k)\delta)r_{jk}$$
$$+ (d - k + 1)\delta r_{jk-1} = 0 \quad (8.7)$$
$$0 \leqslant j \leqslant d - 1, \quad j + 1 \leqslant k \leqslant d$$

令(L_v, V)表示过程$(L_v(t), V(t))$的稳态极限，并记

$$p_{kj} = P\{L_v = k, V = j\} = \lim_{t \to \infty} P\{L_v(t) = k, V(t) = j\}, \quad (k, j) \in \Omega$$

(L_v, V)的分布P_k可表示为

$$P_k = \begin{cases} K\alpha_k = K\dfrac{1}{k!}\left(\dfrac{\lambda}{\mu}\right)^k, & 0 \leqslant k \leqslant m - d \\ K\boldsymbol{\alpha}_k = K(\alpha_{kd}, \alpha_{k,d-1}, \cdots, \alpha_{k,m-k}), & m - d + 1 \leqslant k \leqslant m \\ K\boldsymbol{\alpha}_c R^{k-c}, & m < k \end{cases} \quad (8.8)$$

其中，K为常数因子，

$$K = \left[\sum_{i=0}^{m-d} \frac{1}{i!}\left(\frac{\lambda}{\mu}\right)^i + \sum_{i=m-d+1}^{m-1} \boldsymbol{\alpha}_i e + \boldsymbol{\alpha}_m (I - R)^{-1} e\right]^{-1}$$

其中，e为元素全为1的列向量；$\alpha_0, \alpha_1, \cdots, \alpha_{m-d}, \boldsymbol{\alpha}_{m-d+1}, \cdots, \boldsymbol{\alpha}_m$是方程组

$$(p_0, p_1, \cdots, p_{m-d}, \boldsymbol{p}_{m-d+1}, \cdots, \boldsymbol{p}_m)B(R) = 0 \quad (8.9)$$

的正解，其中，$\boldsymbol{p}_k = (p_{kd}, p_{k,d-1}, \cdots, p_{k,m-k}), m - d + 1 \leqslant k \leqslant m$；

$$B(R) = \begin{pmatrix} A_0 & C_0 & & & & \\ B_1 & A_1 & C_1 & & & \\ & B_2 & A_2 & C_2 & & \\ & & \ddots & \ddots & \ddots & \\ & & & B_{m-1} & A_{m-1} & C_{m-1} \\ & & & & C_m & RB + A \end{pmatrix}$$

由(8.9)式可求得阶段 2 在稳态下(L_v, V)联合分布p_{kj}，再由

$$R_2 = \sum_{k=0}^{\infty} k \sum_{j=0}^{d} p_{kj} \quad (8.10)$$

可求得阶段 2 中的任务数。再由 Little 法则即 $T_2 = \dfrac{R_2}{\lambda}$，可计算出 T_2。由

$$U = \frac{R_2}{m} \tag{8.11}$$

可求得光学处理器的利用率。由公式 $V = \sum\limits_{j=1}^{d} j \sum\limits_{k=0}^{\infty} p_{kj}$ 可求得系统中平均休假的小光学处理器数。

8.4.3　阶段 3 的性能分析与评价模型

由 Burke 定理知，TQ 中任务的到达率仍为 λ。假设本阶段需要处理的数据量为 $D/2$。同时，仍用 M/M/1 排队系统对阶段 3 进行建模。令 $\rho_3 = \max\left(\dfrac{\lambda D}{2\tau}, \dfrac{\lambda D}{2\xi}\right)$，当 $\rho_3 < 1$ 时，可得

$$R_3 = \frac{\lambda}{\dfrac{2\tau}{D} - \lambda} + \frac{\lambda}{\dfrac{2\xi}{D} - \lambda}, \quad T_3 = \frac{1}{\dfrac{2\tau}{D} - \lambda} + \frac{1}{\dfrac{2\xi}{D} - \lambda} \tag{8.12}$$

其中，τ 表示上位机即电子计算机的处理速度，ξ 为网络传输速度。

将 $R_1 \sim R_3$ 和 $T_1 \sim T_3$ 分别代入式（8.1）和（8.2）可得系统平均任务数和平均响应时间。

8.5　模型仿真与性能分析

为验证前面提出的模型的正确性和有效性，本节对上述模型进行仿真。同时，分析请求到达率 λ、允许休假的小光学处理器数 d 和休假率 δ 等参数对系统性能的影响。

8.5.1　参数设置

任务到达率 $\lambda \in \{0.002 * i \mid 1 \leqslant i \leqslant 20, i \in \mathbf{N}\}$，网络平均传输速度 $\xi = 50$ MB/s，每个任务的平均数据量 $D = 0.5$ GB，发送服务器 T 的处理速度 $\tau = 3$ GB/s，光学处理器 OP 处理速度为 $\sigma = 5$ GB/s，TOC 平均休假时间 v 服从参数 $\delta = 0.1$，小光学处理器数 $m = 6$，允许休假的小光学处理器数 $d = 2$。当然，这些参数都是演示性的，即可以修改的。

8.5.2　任务到达率对系统性能的影响

在上述各参数和模型下,各性能指标的仿真实验结果如表 8.1 和图 8.6 所示。

由图 8.6(a)和(e)、(c)和(g)可以看出,阶段 1 平均所用时间 T_1 和阶段 1 中平均任务数 R_1、阶段 3 平均所用时间 T_3 和阶段 3 中平均任务数 R_3 均随 λ 的增加而增加,且基本呈线性增加。其原因在于:由式(8.3)和(8.12)可以看出,T_1 和 R_1、T_3 和 R_3 都是到达率 λ 的增函数。

由图 8.6(b)、(d)可以发现一个非常有趣的现象:阶段 2 平均所用时间 T_2、系统平均响应时间 T 并非随到达率 λ 的增加而增加,刚好相反,均随到达率 λ 的增加而逐渐减少。其主要原因是随到达率 λ 的增加,当小光学处理器休假结束后因 SQ 非空而使处于"休假"即"V"状态的小光学处理器将转至"空闲"即"I"状态后立即转为"工作"即"B"状态,从而使处于"休假"状态的小光学处理器数 V 逐渐减少,如图 8.6(i)所示。特别地,当 $\lambda = 0.030$ 时,$V = 1.4922$,可以认为此时有一台小光学处理器由"休假"状态转至"工作"状态。正是因为处于"工作"状态的小光学处理器数量的增加才使 T_2 不断减小。

虽然 T_1 和 T_3 随到达率 λ 的增加均呈递增趋势,而 T_2 随到达率 λ 的增加呈递减趋势,但由图 8.6(a)~(c)和表 8.1 可知,系统平均响应时间 T 主要受阶段 2 所用时间 T_2 影响,因此 T 也随到达率 λ 的增加而逐渐减少,如图 8.6(d)。类似地,虽然 R_1 和 R_3 随到达率 λ 的增加均呈递增趋势,而 R_2 随到达率 λ 的增加呈递减趋势,但由图 8.6(e)~(g)和表 8.1 可知,R 主要受 R_2 影响,因此 R 也随 λ 的增加呈先增后减趋势。

由图 8.6(f)、(h)可知,阶段 2 中平均任务数 R_2、系统平均任务数 R 均随到达率 λ 的增加呈先增后减趋势。其原因是较小的任务到达率 λ(如 $\lambda < 0.030$ 时)不能使处于"休假"即"V"状态的小光学处理器转至"工作"即"B"状态,致使 R_2 随到达率 λ 的增加而增加;当到达率 λ 达到某个阈值如 0.030 时某个小光学处理器就会由"休假"状态转至"工作"状态为客户提供计算服务,从而使 R_2 逐渐减小。

由公式(8.11)知,当 m 确定时,光学处理器利用率 U 是 R_2 的函数。因此,U 也随到达率 λ 的增加呈先增后减趋势。

总之,随着到达率 λ 的增加,系统平均响应时间 T 呈逐渐减小趋势,而系统平均任务数 R 和光学处理器利用率 U 呈先增后减趋势。

8.5.3　小光学处理器数对系统性能的影响

对 8.5.1 节中的参数,考虑小光学处理器数 m 取值分别为 4、5 和 6,其他参数不变时的系统性能,主要指标包括响应时间 T、任务数 R 和光学处理器利用率 U。

表 8.1　不同任务到达率下系统各性能指标

λ	R_1	R_2	R_3	R	T_1	T_2	T_3	T	V	U
0.002	0.020 4	0.240 0	0.010 3	0.270 7	10.204 1	120.000 5	5.133 9	135.338 4	2.000 0	0.040 0
0.004	0.041 7	0.480 0	0.020 7	0.542 4	10.416 7	120.005 4	5.185 4	135.607 4	1.999 9	0.080 0
0.006	0.063 8	0.720 1	0.031 4	0.815 3	10.638 3	120.015 2	5.238 0	135.891 5	1.999 1	0.120 0
0.008	0.087 0	0.960 1	0.042 3	1.089 4	10.869 6	120.012 1	5.291 7	136.173 4	1.996 8	0.160 0
0.010	0.111 1	1.199 5	0.053 5	1.364 1	11.111 1	119.951 2	5.346 6	136.408 8	1.991 7	0.199 9
0.012	0.136 4	1.437 1	0.064 8	1.638 3	11.363 6	119.760 3	5.402 6	136.526 5	1.982 1	0.239 5
0.014	0.162 8	1.670 8	0.076 4	1.910 1	11.627 9	119.345 5	5.459 8	136.433 2	1.966 5	0.278 5
0.016	0.190 5	1.897 6	0.088 3	2.176 4	11.904 8	118.600 0	5.518 2	136.023 0	1.943 5	0.316 3
0.018	0.219 5	2.113 4	0.100 4	2.433 4	12.195 1	117.413 4	5.578 0	135.186 5	1.911 5	0.352 2
0.020	0.250 0	2.313 6	0.112 8	2.676 4	12.500 0	115.680 5	5.639 0	133.819 5	1.869 7	0.385 6
0.022	0.282 1	2.492 8	0.125 4	2.900 2	12.820 5	113.307 5	5.701 5	131.829 5	1.817 0	0.415 5
0.024	0.315 8	2.645 2	0.138 4	3.099 4	13.157 9	110.217 2	5.765 3	129.140 4	1.753 2	0.440 9
0.026	0.351 4	2.765 1	0.151 6	3.268 1	13.513 5	106.351 1	5.830 6	125.695 2	1.677 7	0.460 9
0.028	0.388 9	2.846 8	0.165 1	3.400 8	13.888 9	101.669 8	5.897 5	121.456 2	1.590 7	0.474 5
0.030	0.428 6	2.884 6	0.179 0	3.492 1	14.285 7	96.153 2	5.965 9	116.404 8	1.492 2	0.480 8
0.032	0.470 6	2.873 5	0.193 1	3.537 3	14.705 9	89.798 1	6.035 9	110.539 9	1.382 7	0.478 9
0.034	0.515 2	2.809 0	0.207 7	3.531 8	15.151 5	82.616 7	6.107 7	103.875 9	1.262 7	0.468 2
0.036	0.562 5	2.686 8	0.222 5	3.471 8	15.625 0	74.633 7	6.181 1	96.439 9	1.132 6	0.447 8
0.038	0.612 9	2.503 6	0.237 7	3.354 3	16.129 0	65.884 3	6.256 4	88.269 8	0.993 2	0.417 3
0.040	0.666 7	2.256 5	0.253 3	3.176 5	16.666 7	56.411 4	6.333 6	79.411 6	0.845 1	0.376 1

相关结果如表 8.2 和图 8.7 所示。因为光学处理器被均分为 4、5 和 6 个小 OP 后其大小不同，为此需要对 U 进行修正，以得到真正利用率 U_r。修正公式 $U_r = rU$，其中，r 为修正系数，m 为 4 和 5 时，r 分别为 1.5 和 1.2。

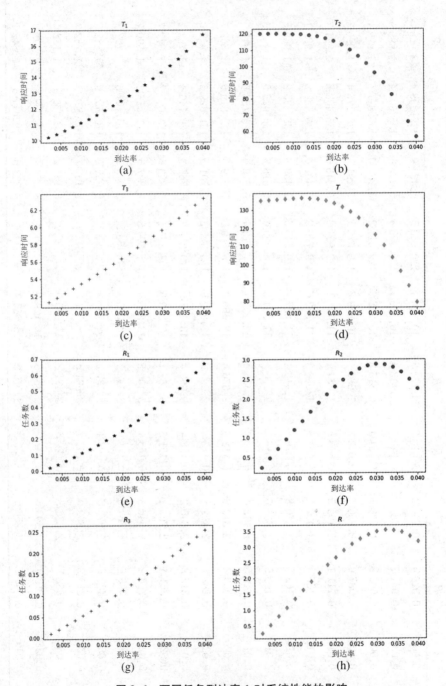

图 8.6　不同任务到达率 λ 对系统性能的影响

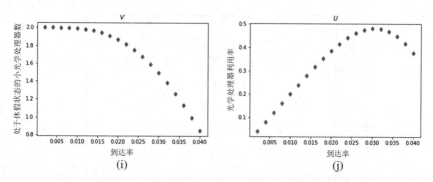

图 8.6　不同任务到达率 λ 对系统性能的影响(续)

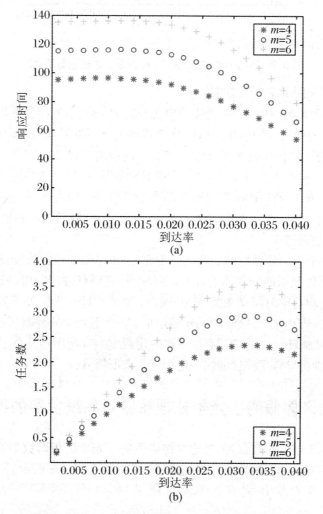

图 8.7　不同小光学处理器数 m 对系统性能的影响

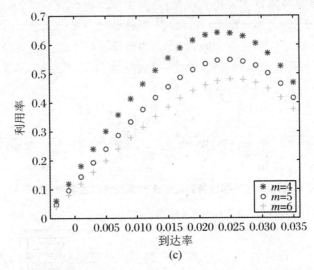

图 8.7　不同小光学处理器数 m 对系统性能的影响(续)

由表 8.2 和图 8.7 可以看出:

(1) 系统平均响应时间 T、系统平均任务数 R 和光学处理器平均利用率 U_r 随任务到达率 λ 的增加分别呈相同的变化趋势即先增后减趋势,但系统平均响应时间 T 不像系统平均任务数 R 和光学处理器平均利用率 U_r 那样显著。

(2) 对某一任务到达率 λ,不同小光学处理器数 m 对系统平均响应时间 T、系统平均任务数 R 和光学处理器利用率 U_r 等性能指标的影响结果是系统平均响应时间 T 和系统平均任务数 R 均随被均分成小光学处理器数 m 的增加而增加,而 U_r 随 m 的增加而减小。

原因是整个光学处理器的处理速度不变,当小光学处理器数 m 较小时被均分后每个小光学处理器的处理速度较大,即每个小光学处理器的服务速率 μ_{2s} 较大,从而使系统平均响应时间 T 和系统平均任务数 R 均随小光学处理器数 m 的增加而减小。同时,当小光学处理器数 m 较小时,每个小光学处理器所拥有的处理器位数也会多,从而使光学处理器利用率在一定程度上有所增加。总之,小光学处理器数 m 的减少将导致系统性能在一定程度上有所提升。

8.5.4　允许休假的小光学处理器数对系统性能的影响

对于 8.5.1 节的参数设置,考虑允许休假的小光学处理器数 d 分别取 1、2 和 3,其他参数不变时的系统性能。相关结果如表 8.3 和图 8.8 所示。

表 8.2　小光学处理器数 m 取 4、5 和 6 时的主要系统性能指标

λ	$m=4$				$m=5$				$m=6$		
	T	R	U	U_r	T	R	U	U_r	T	R	U
0.002	95.388 9	0.190 8	0.040 0	0.060 0	115.342 9	0.230 7	0.040 0	0.048 0	135.338 4	0.270 7	0.040 0
0.004	95.767 4	0.383 1	0.080 2	0.120 2	115.631 8	0.462 5	0.080 0	0.096 0	135.607 4	0.542 4	0.080 0
0.006	96.139 4	0.576 8	0.120 4	0.180 6	115.939 8	0.695 6	0.120 1	0.144 1	135.891 5	0.815 3	0.120 0
0.008	96.414 0	0.771 3	0.160 5	0.240 8	116.222 2	0.929 8	0.160 1	0.192 1	136.173 4	1.089 4	0.160 0
0.010	96.502 4	0.965 0	0.200 1	0.300 2	116.408 4	1.164 1	0.199 9	0.239 9	136.408 8	1.364 1	0.199 9
0.012	96.326 4	1.155 9	0.238 7	0.358 7	116.412 1	1.396 9	0.239 2	0.287 0	136.526 5	1.638 3	0.239 5
0.014	95.822 8	1.341 5	0.275 6	0.413 4	116.142 1	1.626 0	0.277 4	0.332 8	136.433 2	1.910 1	0.278 5
0.016	94.944 1	1.519 1	0.310 1	0.465 1	115.511 6	1.848 2	0.313 9	0.376 7	136.023 0	2.176 4	0.316 3
0.018	93.658 6	1.685 9	0.341 5	0.512 2	114.443 7	2.060 0	0.348 0	0.417 6	135.186 5	2.433 4	0.352 2
0.020	91.949 1	1.839 0	0.369 1	0.553 6	112.875 4	2.257 5	0.378 9	0.454 7	133.819 5	2.676 4	0.385 6
0.022	89.810 5	1.975 8	0.392 1	0.588 1	110.759 8	2.436 7	0.405 8	0.487 0	131.829 5	2.900 2	0.415 5
0.024	87.248 4	2.094 0	0.410 0	0.614 9	108.066 2	2.593 6	0.427 9	0.513 5	129.140 4	3.099 4	0.440 9
0.026	84.276 6	2.191 2	0.422 1	0.633 1	104.779 0	2.724 3	0.444 3	0.533 1	125.695 2	3.268 1	0.460 9
0.028	80.915 5	2.265 6	0.427 9	0.641 9	100.896 6	2.825 1	0.454 2	0.545 1	121.456 2	3.400 8	0.474 5
0.030	77.190 4	2.315 7	0.427 0	0.640 6	96.429 4	2.892 9	0.457 1	0.548 5	116.404 8	3.492 1	0.480 8
0.032	73.129 8	2.340 2	0.419 1	0.628 7	91.397 6	2.924 7	0.452 2	0.542 6	110.539 9	3.537 3	0.478 9
0.034	68.764 6	2.338 0	0.403 8	0.605 7	85.829 6	2.918 2	0.439 1	0.526 9	103.875 9	3.531 8	0.468 2
0.036	64.127 0	2.308 6	0.380 9	0.571 3	79.759 8	2.871 4	0.417 3	0.500 7	96.439 9	3.471 8	0.447 8
0.038	59.249 9	2.251 5	0.350 2	0.525 3	73.227 1	2.782 6	0.386 4	0.463 7	88.269 8	3.354 3	0.417 3
0.040	54.165 8	2.166 6	0.311 7	0.467 5	66.273 5	2.650 9	0.346 2	0.415 4	79.411 6	3.176 5	0.376 1

由表 8.3 和图 8.8 可看出：

（1）无论系统平均响应时间 T 还是光学处理器利用率 U 与系统平均任务数 R，当 d 取不同值时，其随任务到达率 λ 变化时具有相同的变化趋势，即它们均呈先增后减趋势，但后二者增加得较明显。

（2）允许休假的小光学处理器数 d 取值为 1 和 2 时，对相同的任务到达率 λ，无论 T、R 还是 U 其值基本相同。

（3）当任务到达率 $\lambda > 0.028$ 时允许休假的小光学处理器数 d 取 3 的各项性能指标均明显低于 d 取值为 1 和 2 时的指标，当 $\lambda < 0.028$ 时 d 取值为 3 的响应时间 T 明显高于另二者。其原因是当任务到达率 λ 较小时不能使处于"休假"即"V"状态的 3 个小光学处理器改变其状态即投入工作，随着任务到达率 λ 的增加，休假的小光学处理器不断由"休假"状态转为"工作"状态，同时休假的小光学处理器得以保养，从而提高系统的性能。因此，这为我们提供了休假小光学处理器的最优选择，即 $\lambda < 0.028$ 时，d 取 2 使性能最优（考虑休假时还可以节能），$\lambda > 0.028$ 时，d 取 3 可使性能最优。

8.5.5　休假率对系统性能的影响

对于 8.5.1 节的参数设置，考虑 δ 分别取 $0.001,0.01,0.1$ 和 1.0，其他参数不变时的系统性能。相关结果如表 8.4 和图 8.9 所示。

由表 8.4 和图 8.9 可以看出，当任务到达率 λ 较低时休假率 δ 对系统性能影响很小或几乎没有影响；当 λ 较高时休假率 δ 对响应时间 T 和任务数 R 将产生显著影响：二者随 δ 的减小而减小，即性能得到提升。其主要原因是 δ 越小说明单位时间内休假次数越少。很显然，当休假次数少时刚到达的任务能够得到及时处理从而提升系统性能。由表 8.4 和图 8.9(c) 可以看出，当 λ 较高时，$\delta = 0.1$ 可使光学处理器的利用率 U 得到提升；δ 为其他取值时，对每个不同的到达率 λ 利用率 U 都是相同的。总之，较小的休假率将会提升系统性能。

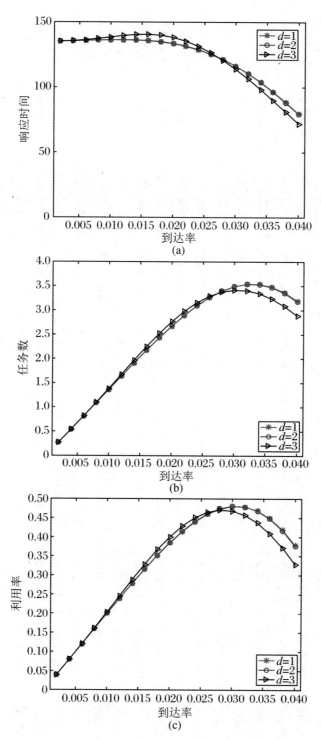

图 8.8　允许休假的小光学处理器数对系统性能的影响

表 8.3 不同允许休假小光学处理器数下的性能指标

λ	d=1			d=2			d=3		
	T	R	U	T	R	U	T	R	U
0.002	135.337 9	0.270 7	0.040 0	135.255 1	0.270 5	0.040 0	135.271 5	0.270 5	0.040 0
0.004	135.601 5	0.542 4	0.080 0	135.524 1	0.542 1	0.080 0	135.688 5	0.542 8	0.080 1
0.006	135.868 1	0.815 2	0.120 0	135.808 1	0.814 8	0.120 0	136.384 1	0.818 3	0.120 6
0.008	136.115 9	1.088 9	0.159 9	136.090 0	1.088 7	0.160 0	137.377 3	1.099 0	0.161 7
0.010	136.301 0	1.363 0	0.199 7	136.325 4	1.363 3	0.199 9	138.548 6	1.385 5	0.203 6
0.012	136.356 5	1.636 3	0.239 2	136.443 1	1.637 3	0.239 5	139.671 4	1.676 1	0.246 0
0.014	136.196 9	1.906 8	0.277 9	136.349 8	1.908 9	0.278 5	140.463 8	1.966 5	0.288 1
0.016	135.725 0	2.171 6	0.315 5	135.939 6	2.175 0	0.316 3	140.642 9	2.250 3	0.328 8
0.018	134.840 5	2.427 1	0.351 2	135.103 1	2.431 9	0.352 2	139.969 0	2.519 4	0.366 8
0.020	133.446 5	2.668 9	0.384 4	133.736 0	2.674 7	0.385 6	138.273 1	2.765 5	0.400 7
0.022	131.455 4	2.892 0	0.414 1	131.746 0	2.898 4	0.415 5	135.468 5	2.980 3	0.429 1
0.024	128.793 6	3.091 0	0.439 5	129.056 9	3.097 4	0.440 9	131.545 7	3.157 1	0.450 8
0.026	125.403 1	3.260 5	0.459 6	125.611 7	3.265 9	0.460 9	126.559 7	3.290 6	0.465 0
0.028	121.243 0	3.394 8	0.473 5	121.372 7	3.398 4	0.474 5	120.610 9	3.377 1	0.470 9
0.030	116.288 9	3.488 7	0.480 2	116.321 3	3.489 6	0.480 8	113.827 1	3.414 8	0.468 3
0.032	110.532 2	3.537 0	0.478 9	110.456 4	3.534 6	0.478 9	106.347 4	3.403 1	0.457 0
0.034	103.978 5	3.535 3	0.468 7	103.792 3	3.528 9	0.468 2	98.310 7	3.342 6	0.437 1
0.036	96.645 7	3.479 2	0.449 0	96.356 3	3.468 8	0.447 8	89.847 2	3.234 5	0.408 7
0.038	88.562 1	3.365 4	0.419 1	88.186 2	3.351 1	0.417 3	81.074 3	3.080 8	0.372 2
0.040	79.764 5	3.190 6	0.378 4	79.328 0	3.173 1	0.376 1	72.094 1	2.883 8	0.327 8

表 8.4　不同休假率 δ 下的性能指标

λ	δ = 0.000 1			δ = 0.001			δ = 0.01			δ = 1.0		
	T	R	U	T	R	U	T	R	U	T	R	U
0.002	135.258 2	0.270 5	0.040 0	135.258 0	0.270 5	0.040 0	135.256 8	0.270 5	0.040 0	135.254 6	0.270 5	0.040 0
0.004	135.566 6	0.542 3	0.080 2	135.563 7	0.542 3	0.080 2	135.546 9	0.542 2	0.080 2	135.518 1	0.542 1	0.080 2
0.006	135.987 8	0.815 9	0.120 4	135.974 6	0.815 8	0.120 4	135.902 4	0.815 4	0.120 4	135.783 4	0.814 7	0.120 4
0.008	136.551 3	1.092 4	0.160 5	136.515 3	1.092 1	0.160 5	136.327 5	1.090 6	0.160 5	136.026 9	1.088 2	0.160 5
0.010	137.210 0	1.372 1	0.200 1	137.137 9	1.371 4	0.200 1	136.775 8	1.367 8	0.200 1	136.203 4	1.362 0	0.200 1
0.012	137.818 3	1.6538	0.238 7	137.705 0	1.652 5	0.238 7	137.146 0	1.645 8	0.238 7	136.246 6	1.635 0	0.238 7
0.014	138.125 9	1.933 8	0.275 6	137.990 7	1.931 9	0.275 6	137.290 3	1.922 1	0.275 6	136.073 4	1.905 0	0.275 6
0.016	137.784 4	2.204 6	0.310 1	137.697 3	2.203 2	0.310 1	137.032 8	2.192 5	0.310 1	135.591 3	2.169 5	0.310 1
0.018	136.360 4	2.454 5	0.341 5	136.482 0	2.456 7	0.341 5	136.189 8	2.451 4	0.341 5	134.705 4	2.424 7	0.341 5
0.020	133.354 8	2.667 1	0.369 1	133.995 8	2.679 9	0.369 1	134.591 0	2.691 8	0.369 1	133.324 6	2.666 5	0.369 1
0.022	128.231 9	2.821 1	0.392 1	129.932 9	2.858 5	0.392 1	132.097 6	2.906 1	0.392 1	131.367 0	2.890 1	0.392 1
0.024	120.465 9	2.8912	0.410 0	124.088 7	2.978 1	0.410 0	128.616 0	3.086 8	0.410 0	128.762 4	3.090 3	0.410 0
0.026	109.632 0	2.850 4	0.422 1	116.422 6	3.027 0	0.422 1	124.105 3	3.226 7	0.422 1	125.454 6	3.261 8	0.422 1
0.028	95.602 2	2.676 9	0.427 9	107.108 8	2.999 0	0.427 9	118.579 6	3.320 2	0.427 9	121.401 4	3.399 2	0.427 9
0.030	78.963 8	2.368 9	0.427 0	96.552 8	2.896 6	0.427 0	112.104 6	3.363 1	0.427 0	116.574 2	3.497 2	0.427 0
0.032	61.666 1	1.973 3	0.419 1	85.352 6	2.731 3	0.419 1	104.789 3	3.353 3	0.419 1	110.957 4	3.550 6	0.419 1
0.034	46.918 8	1.595 2	0.403 8	74.197 2	2.522 7	0.403 8	96.775 9	3.290 4	0.403 8	104.546 3	3.554 6	0.403 8
0.036	36.859 8	1.327 0	0.380 9	63.733 1	2.294 4	0.380 9	88.227 2	3.176 2	0.380 9	97.346 2	3.504 5	0.380 9
0.038	31.011 9	1.178 5	0.350 2	54.445 3	2.068 9	0.350 2	79.314 6	3.014 0	0.350 2	89.370 3	3.396 1	0.350 2
0.040	27.919 3	1.116 8	0.311 7	46.596 7	1.863 9	0.311 7	70.207 5	2.808 3	0.311 7	80.638 8	3.225 6	0.311 7

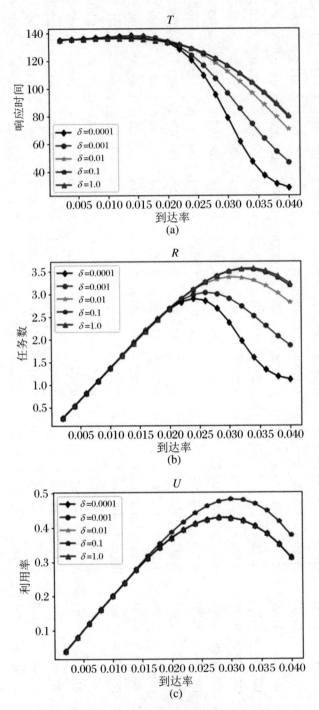

图 8.9　不同休假率 δ 对系统性能的影响

8.6　不同休假模型下性能比较

下面将本章提出的异步休假三阶段服务模型（service model of asynchronous vacation with three stages，SM-AVTS）与第 7 章中的同步休假四阶段服务模型（service model of synchronous vacation with four stages，SM-SVFS）以及异步休假四阶段服务模型（service model of asynchronous vacation with four stages，SM-AVFS）即将第 7 章三值光学计算机四阶段服务模型中第三阶段的同步休假改为本章的异步休假，计三种休假模型性能进行比较。在进行模型的性能比较时，仍选取系统平均响应时间 T、系统平均任务数 R 和光学处理器利用率 U 这三项主要性能指标进行性能比较。同时，仍使用 8.5.1 节所设置的相关参数。上述 3 种模型的相关性能指标的比较结果如表 8.5 和图 8.10 所示。

由表 8.5 和图 8.10 可以看出：

（1）在两个异步休假模型即异步休假三阶段服务模型 SM-AVTS 与异步休假四阶段服务模型 SM-AVFS 下，所考察的这三项指标曲线基本重合。换而言之，对同一任务达到率 λ，系统平均响应时间 T、系统平均任务数 R 以及光学处理器平均利用率 U 分别基本相等。然而，同步休假四阶段服务模型 SM-SVFS 下各性能指标均高于或等于前二者，即异步休假模型下系统性能优于同步休假模型下系统性能。

（2）在两个异步休假模型即 SM-AVTS 与 SM-AVFS 下，系统平均响应时间 T 随任务到达率 λ 的增加呈先增后减趋势，而在同步休假四阶段服务模型 SM-SVFS 下系统平均响应时间 T 随任务到达率 λ 的增加呈截然相反趋势，即先减后增趋势。

（3）在两个异步休假模型即 SM-AVTS 与 SM-AVFS 下，系统平均任务数 R 和光学处理器平均利用率 U 均随任务到达率 λ 的增加呈先增后减趋势，而在同步休假四阶段服务模型 SM-SVFS 下系统平均任务数 R 和光学处理器平均利用率 U 均随任务到达率 λ 的增加呈增加趋势。

（4）当任务到达率 $\lambda < 0.018$ 时，对同一任务到达率，无论异步休假模型还是同步休假模型，系统平均任务数 R 和光学处理器平均利用率 U 都基本相等。

由于影响光学处理器平均利用率 U 的潜在因素即被均分成的小光学处理器数 m、允许异步休假的小光学处理器数 d 与休假率 δ 都没有改变，所以两种异步休假模型即 SM-AVTS 和 SM-AVFS 模型下 U 是相同的，如表 8.5 所示。SM-AVFS 较 SM-AVTS 增加了数据预处理阶段，从而使前者的系统平均任务数 R 和系统平均响应时间 T 指标略高于后者。特别需要说明的是，SM-SVFS 模型下光学处理器平均利用率 U 随到达率 λ 的增加呈增加趋势并非意味着其性能提升，因为在较高的利用率下系统得不到有效的保养和维护,存在更高的宕机风险。综上可知,SM-SVFS 下系统性能最差,SM-AVTS 下系统性能最优。

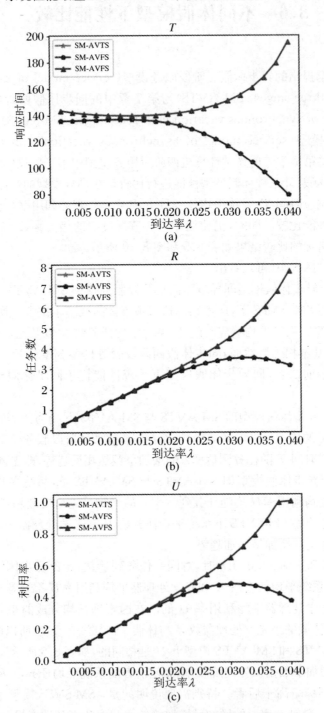

图 8.10　不同休假模型对系统性能的影响

表 8.5　不同休假模型下的性能比较

λ	SM-AVTS			SM-AVFS			SM-SVFS		
	T	R	U	T	R	U	T	R	U
0.002	135.338 4	0.270 7	0.040 0	135.505 1	0.271 0	0.040 0	143.388 2	0.286 8	0.040 0
0.004	135.607 4	0.542 4	0.080 0	135.774 2	0.543 1	0.080 0	142.006 9	0.568 0	0.080 0
0.006	135.891 5	0.815 3	0.120 0	136.058 3	0.816 4	0.120 0	140.995 0	0.846 0	0.120 0
0.008	136.173 4	1.089 4	0.160 0	136.340 2	1.090 7	0.160 0	140.275 6	1.122 2	0.160 0
0.010	136.408 8	1.364 1	0.199 9	136.575 8	1.365 8	0.199 9	139.798 6	1.398 0	0.200 1
0.012	136.526 5	1.638 3	0.239 5	136.693 5	1.640 3	0.239 5	139.535 5	1.674 4	0.240 2
0.014	136.433 2	1.910 1	0.278 5	136.600 3	1.912 4	0.278 5	139.476 7	1.952 7	0.280 5
0.016	136.023 0	2.176 4	0.316 3	136.190 1	2.179 0	0.316 3	139.628 4	2.234 1	0.321 2
0.018	135.186 5	2.433 4	0.352 2	135.353 7	2.436 4	0.352 2	140.012 1	2.520 2	0.362 4
0.020	133.819 5	2.676 4	0.385 6	133.986 7	2.679 7	0.385 6	140.664 2	2.813 3	0.404 5
0.022	131.829 5	2.900 2	0.415 5	131.996 8	2.903 9	0.415 5	141.637 0	3.116 0	0.447 9
0.024	129.140 4	3.099 4	0.440 9	129.307 8	3.103 4	0.440 9	143.001 9	3.432 0	0.493 1
0.026	125.695 2	3.268 1	0.460 9	125.862 6	3.272 4	0.460 9	144.855 3	3.766 2	0.541 0
0.028	121.456 2	3.400 8	0.474 5	121.623 6	3.405 5	0.474 5	147.327 5	4.125 2	0.592 6
0.030	116.404 8	3.492 1	0.480 8	116.572 3	3.497 2	0.480 8	150.599 7	4.518 0	0.649 3
0.032	110.539 9	3.537 3	0.478 9	110.707 5	3.542 6	0.478 9	154.930 7	4.957 8	0.713 5
0.034	103.875 9	3.531 8	0.468 2	104.043 5	3.537 5	0.468 2	160.705 4	5.464 0	0.788 2
0.036	96.439 9	3.471 8	0.447 8	96.607 5	3.477 9	0.447 8	168.525 2	6.066 9	0.878 5
0.038	88.269 8	3.354 3	0.417 3	88.437 5	3.360 6	0.417 3	179.388 0	6.816 7	0.992 6
0.040	79.411 6	3.176 5	0.376 1	79.579 4	3.183 2	0.376 1	195.085 3	7.803 4	1.000 0

本 章 小 结

为更精准地对三值光学计算机的计算生态进行建模,以分析和评价 TOC 性能,本章首先引入串行排队和异步多重休假排队,建立其三阶段服务模型,休假发生于第二阶段,即允许因均分而产生的部分小光学处理器进行异步休假,且对每个小光学处理器而言,它没有任务需要处理即空竭服务同时处于"休假",即"V"状态的小光学处理器数小于允许休假的小光学处理器的最大值 d 时它才能启动休假。同时,本章还提出允许部分小光学处理器异步休假的任务调度算法和光学处理器分配与回收算法,并选取系统平均任务数、平均响应时间、光学处理器利用率作为系统性能指标,构建其数学模型。基于 M/M/1 排队系统得到第一和三阶段的平均请求数与平均响应时间,基于 M/M/m 排队系统和异步多重休假构建第二阶段解析模型,引入拟生灭过程计算该阶段的平均请求数、平均响应时间以及光学处理器利用率,进而得到系统平均请求数和平均响应时间。

同时,为验证建立模型的有效性和正确性,对建立的模型以及各系统性能指标进行数值仿真。结果表明:随着任务到达率的增加,系统平均响应时间呈先缓慢增加而后又显著减小趋势,而系统平均任务数和光学处理器平均利用率均呈显著的先增后减趋势;被均分成的小光学处理器数越小、休假率越小,系统性能越好。此外,允许休假的小光学处理器数对系统性能也有重要影响,小光学处理器数为 6,允许休假的小光学处理器数为 2 时性能达到最优。

最后,对不同休假模型——SM-SVFS、SM-AVTS 和 SM-AVFS——下的系统性能进行比较。结果表明 SM-AVTS 性能最优。因此,与同步休假相比,异步休假不仅可以使系统得到更好的维护,还可以在一定程度上提升系统性能。下一步将研究如何对各参数进行优化,以使 TOC 性能达到最优,进一步提升用户体验。同时,基于不同休假排队模型,采用定性与定量相结合方法研究三值光学计算机节能问题。

参 考 文 献

［1］ Gross D，Shortie J F，Thompson J M，et al. Fundamentals of queueing theory［M］. 4th ed. New Jersey，USA：John Wiley & Sons，Inc.，2008.

［2］ Mor H-B. Performance modeling and design of computer systems：queueing theory in action［M］. New York，USA：Cambridge University Press，2013.

［3］ 唐加山. 排队论及其应用［M］. 北京：科学出版社，2016.

［4］ Stewart W J. Probability，Markov chains，queues，and simulation：The mathematical basis of performance modeling［M］. New Jersey，USA：Princeton University Press，2009.

［5］ 曾勇，董丽华，马建峰. 排队现象的建模、解析与模拟［M］. 西安：西安电子科技大学出版社，2011.

［6］ Sztrik J. Basic queueing theory［R］. University of Debrecen，2012.

［7］ Bhat N U. An introduction to queueing theory：Modeling and analysis in applications［M］. New York，USA：Birkhäuser Basel，2008.

［8］ Burke P J. The output of a queueing system［J］. Operation Research，1956，26(6)：699-704.

［9］ Burke P J. The output process of a stationary M/M/s queueing system［J］. Annals of Mathematical Statistics，1968，39(4)：1144-1152.

［10］ Neuts M F. Matrix-geometric solutions on stochastic models-an algorithmic approach［M］. Baltimore and London：The Johns Hopkins University Press，1981.

［11］ 田乃硕. 休假随机服务系统［M］. 北京：北京大学出版社，2001.

［12］ Leon N P D，Itoh K M，Kim D，et al. Materials challenges and opportunities for quantum computing hardware［J］. Science，2021，372(6539)：eabb2823.

［13］ Liu Q，Yang K，Xie J L，et al. DNA-based molecular computing，storage，and communications［J］. IEEE Internet of Things Journal，2022，9(2)：897-915.

［14］ Saranya D，Shankar T，Rajesh A. All optical clocked D flip flop for 1.72 Tb/s optical computing［J］. Microelectronics Journal，2020，103：e104865.

［15］ Zhang S L，Shen Y F，Zhao Z Y. Design and implementation of a three-lane CA traffic flow model on ternary optical computer［J］. Optics Communications，2020，470：e125750.

［16］ Rashed A N Z，Mohammed A E N A，Zaky W F，et al. The switching of optoelectronics to full optical computing operations based on nonlinear metamaterials［J］. Results in

Physics，2019,13：e102152.

[17] Babashah H，Kavehvash Z，Khavasi A，et al. Temporal analog optical computing using an on-chip fully reconfigurable photonic signal processor[J]. Optics & Laser Technology，2019，111：66-74.

[18] Jones C M，Dai B，Price J，et al. A new multivariate optical computing microelement and miniature sensor for pectroscopic chemical sensing in harsh environments：Design，fabrication，and testing[J]. Sensors，2019，19：e701.

[19] Bezus E A，Doskolovich L L，Bykov D A，et al. Spatial integration and differentiation of optical beams in a slab waveguide by a dielectric ridge supporting high-Q resonances [J]. Optics Express，2018，26(19)：25156-25165.

[20] Ying Z F，Zhao Z，Feng C H，et al. Automated logic synthesis for electro-optic logic-based integrated optical computing[J]. Optics Express，2018，26(21)：28002-28012.

[21] Zhou Y，Chen R，et al. Optical analog computing devices designed by deep neural network[J]. Optics Communications，2020，458：e124674.

[22] Liu X. Research on optical computing and pulse shaper based on transmissive fiber Bragg gratings[D]. Wuhan：Huazhong University of Science & Technology，2019.

[23] Li X J，Shao Z Z，Zhu M J，et al. Fundamentals of optical computing technology：forward the next generation supercomputer[M]. Singapore：National Defense Industry Press and Springer Nature Singapore Pte Ltd，2018.

[24] Li C，Zhang X，Li J W，et al. The challenges of modern computing and new opportunities for optics[J]. PhotoniX，2021，2(1)：e20.

[25] Jin Y，He H C，Lü Y T. Ternary optical computer principle[J]. Science in China (Series F：Information Sciences)，2003，46(2)：145-150.

[26] Jin Y，He H C，Lü Y T. Ternary optical computer architecture[J]. Physica Scripta，2005，118：98-101.

[27] 严军勇,金翊,左开中. 无进(借)位运算器的降值设计理论及其在三值光计算机中的应用 [J].中国科学(E辑:信息科学)，2008(12):2112-2122.

[28] 王宏健，金翊，欧阳山. 一位可重构三值光学处理器的设计和实现[J]. 计算机学报，2014，37(7)：1500-1507.

[29] Peng J J，Shen R，Jin Y，et al. Design and implementation of modified signed-digit adder[J]. IEEE Transactions on Computers，2014，63(5)：1134-1143.

[30] Shen Y F，Pan L. Principle of a one-step MSD adder for a ternary optical computer[J]. Science in China (Series F：Information Sciences)，2014，57(1)：e012107.

[31] Jin Y，Shen Y F，Peng J J，et al. Principles and construction of MSD adder in ternary optical computer[J]. Science in China (Series F：Information Sciences)，2010，53(11)：2159-2168.

[32] Wang X C，Peng J J，Li M，et al. Carry-free vector-matrix multiplication on a dynamically reconfigurable optical platform[J]. Applied Optics，2010，49(12)：2352-2362.

[33] Wang X C，Peng J J，Ouyang S. Control method for the optical components of a dynamically reconfigurable optical platform[J]. Applied Optics，2011，50(5)：662-670.

[34] Zhang S L, Peng J J, Shen Y F, et al. Programming model and implementation mechanism for ternary optical computer[J]. Optics Communications, 2018, 428: 26-34.

[35] 宋凯.基于行运算器思想的 DRSTOP 控制信息生成方法[J]. 电子学报, 2018, 46(5): 1133-1138.

[36] 金翊,张素兰,李双,等.运算-数据文件:应用三值光学计算机的关键技术[J].上海交通大学学报, 2019, 53(5): 584-592.

[37] Song K, Zhang Y, Yan L P, et al. Research on fully parallel matrix algorithm of ternary optical computer for the shortest path problem[J]. Applied Optics, 2020, 59(16): 4953-4963.

[38] Jiang J B, Shen Y F, Ouyang S, et al. The application of SJ-MSD adder to mean value filtering processing[J]. Optik, 2020, 206: e164271.

[39] Peng J J, Fu Y Y, Zhang X F, et al. Implementation of DFT application on ternary optical computer[J]. Optics Communications, 2018, 410: 424-430.

[40] Li S, Li W J, Zhang H H, et al. Research and implementation of parallel artificial bee colony algorithm based on ternary optical computer[J]. Automatika, 2019, 60(4): 422-431.

[41] Zhang S L, Shen Y F, Zhao Z Y. Design and implementation of a three-lane CA traffic flow model on ternary optical computer[J]. Optics Communications, 2020, 470: e125750.

[42] Jin Y, He H C, Ai L R. Lane of parallel through carry in ternary optical adder [J]. Science in China (Series F), 2005, 48(1):107-116.

[43] 蔡超,金翊,包九龙.三值光计算机的对称三进制半加器原理设计[J].计算机工程,2007, 33(17):278-279.

[44] 蔡超,金翊.对称三进制光学加法器的进位直达通道设计[J].微电子学与计算机程, 2007,24(6):150-152.

[45] 尹逊玮,金翊,李军.三值光计算机半加器结构的简化[J].计算机工程与设计,2008,29 (14):3773-3775.

[46] Avizienis A. Signed-digit number representations for fast parallel arithmetic[J]. IRE Trans. Electron. Comp. ,1961,EC-10:389-400.

[47] Draker B L, Bocker R P, Lasher M E, et al. Photonic computing using the modified signed-digit number representation[J]. Optical Engineering, 1986, 25:38-43.

[48] 王先超,姚云飞,金翊.基于三值光学计算机的并行无进位加法[J].计算机科学,2010,37 (2):290-293.

[49] 金翊,沈云付,彭俊杰,等.三值光学计算机中 MSD 加法器的理论和结构[J].中国科学: 信息科学,2011,41(5):541-551.

[50] 江家宝,张晓峰,沈云付,等.三值光学计算机中 SJ-MSD 加法器的设计与实现[J].电子学报,2021,49(2):275-285.

[51] 王先超.三值光学计算机监控系统之任务管理及其理论研究[D].上海:上海大学,2011.

[52] Wang X C, Peng J J, Li M, et al. Carry-free vector-matrix multiplication on a dynamically reconfigurable optical platform[J]. Applied Optics, 2010, 49(12): 2352-2362.

[53] Song K, Zhang Y, Yan L P, et al. Research on fully parallel matrix algorithm of ternary optical computer for the shortest path problem[J]. Applied Optics, 2020, 59(16):

4953-4963.

[54] Jiang J B, Shen Y F, Ouyang S, et al. The application of SJ-MSD adder to mean value filtering processing[J]. Optik, 2020, 206: e164271.

[55] Peng J J, Fu Y Y, Zhang X F, et al. Implementation of DFT application on ternary optical computer[J]. Optics Communications, 2018, 410: 424-430.

[56] Li S, Li W J, Zhang H H, et al. Research and implementation of parallel artificial bee colony algorithm based on ternary optical computer[J]. Automatika, 2019, 60(4): 422-431.

[57] Gross D, Shortie J F, Thompson J M, et al. Fundamentals of queueing theory[M]. 4 th ed. New Jersey: John Wiley & Sons, Inc.

[58] 徐群,王先超.基于复杂排队系统的三值光学计算机服务模型与性能分析[J].国防科技大学学报,2017,39(2):140-145.

[59] Lee T T. M/G/1/N queue with vacation time and exhaustive service discipline[J]. IN-FORMS, 1984, 32 (4):774-784.

[60] Frey A, Takahashi Y. An explicit solution for an M/GI/1/N queue with vacation time and exhaustive service discipline[J]. Journal of the Operations Research Society of Japan, 2017, 41 (3):430-441.

[61] Cheng Y S, Zhu Y J. Analysis of decomposition structure of M/G/1 type vacation queue with nonexhaustive service[J]. Journal of Jiangsu University, 2004, 25 (3):239-242.

[62] Lee S S, Lee H W, Yoon S H, et al. Batch arrival queue with N-policy and single vacation[J]. Computers & Operations Research, 1995, 22 (2):173-189.

[63] Gupta U C, Sikdar K. The finite-buffer M/C/1 queue with general bulk-service rule and single vacation [J]. Performance Evaluation, 2004, 57 (2):199-219.

[64] Samanta S K, Gupta U C, Sharma R K. Analyzing discrete-time D-BMAP/G/1/N queue with single and multiple vacations[J]. European Journal of Operational Research, 2007, 182:321-339.

[65] Tian N S, Li Q L. The M/M/c queue with PH synchronous vacations[J]. System Science and Mathematical Sciences, 2000, 13(1):7-16.

[66] Latouche G, Ramaswami V. Introduction to matrix analytic methods in stochastic modeling[M]. Pyiladelphia:Society for Industrial and Applied mathematics, 1999.

[67] Kulkarni V G. Introduction to matrix analytic methods in stochastic modeling, by G. Latouche and V. Ramaswamy[J]. International Journal of Stochastic Analysis, 2007, 12 (4):379-380.

[68] Choudhury G. A batch arrival queue with a vacation time under single vacation policy [J]. Computers & Operations Research, 2002, 29(14):1941-1955.

[69] Tran-Gia Phuoc, Raith T. Performance analysis of finite capacity polling systems with nonexhaustive service[J]. Performance Evaluation, 1988, 9(1): 1-16.

[70] Cheng C L, Li J, Wang Y. An energy-saving task scheduling strategy based on vacation queuing theory in cloud computing[J]. Tsinghua Science and Technology, 2015, 20(1):

28-39.

[71] Gawali M B, Shinde S K. Implementation of IDEA, BATS, ARIMA and queuing model for task scheduling in cloud computing[C]//2016 Fifth International Conference on Eco-friendly Computing and Communication Systems (ICECCS), 8-9 Dec. 2016, Bhopal, India, 7-12.

[72] 欧阳山, 彭俊杰, 金翊, 等. 三值光学计算机双空间存储器的结构和理论[J]. 中国科学: 信息科学, 2016, 46(06): 743-762.

[73] Hosseinioun P, Kheirabadi M, Tabbakh S R K, et al. A new energy-aware tasks scheduling approach in fog computing using hybrid meta-heuristic algorithm[J]. Journal of Parallel and Distributed Computing, 2020, 143: 88-96.

[74] Stavrinides G L, Karatza H D. An energy-efficient, QoS-aware and cost-effective scheduling approach for real-time workflow applications in cloud computing systems utilizing DVFS and approximate computations[J]. Future Generation Computer Systems, 2019, 96: 216-226.

[75] Xie G Q, Zeng G, Li R F, et al. Energy-aware processor merging algorithms for deadline constrained parallel applications in heterogeneous cloud computing[J]. IEEE Transactions on Sustainable Computing, 2017, 2(2): 62-75.

[76] Medara R, Singh R S, Amit. Energy-aware workflow task scheduling in clouds with virtual machine consolidation using discrete water wave optimization[J]. Simulation Modelling Practice and Theory, 2021, 110: e102323.

[77] Gu Y, Budati C. Energy-aware workflow scheduling and optimization in clouds using bat algorithm[J]. Future Generation Computer Systems, 2020, 113: 106-112.

[78] Han P C, Du C L, Chen J C, et al. Cost and makespan scheduling of workflows in clouds using list multiobjective optimization technique[J]. Journal of Systems Architecture, 2021, 112: e101837.

[79] 谭一鸣, 曾国荪, 王伟. 随机任务在云计算平台中能耗的优化管理方法[J]. 软件学报, 2012, 23(2): 266-278.

[80] Zhang L X, Li K L, Li C Y, et al. Bi-objective workflow scheduling of the energy consumption and reliability in heterogeneous computing systems[J]. Information Sciences, 2017, 379: 241-256.

[81] Jin S F, Qie X C, Zhao W J, et al. A clustered virtual machine allocation strategy based on a sleep-mode with wake-up threshold in a cloud environment[J]. Annals of Operations Research, 2020, 293: 193-212.

[82] Jain A, Jain M. Multi server machine repair problem with unreliable server and two types of spares under asynchronous vacation policy[J]. International Journal of Mathematics in Operational Research, 2017, 10(3): 286-315.

[83] Wang J T, Zhang Y, Zhang Z G. Strategic joining in an M/M/K queue with asynchronous and synchronous multiple vacations[J]. Journal of the Operational Research Society, 2019, 72(1): 1-19.

[84] 金顺福, 武海星, 霍甜甜, 等. 基于休眠模式与注册服务的云架构性能优化问题的研究

[J].通信学报,2019,40(10):127-136.

[85] 尹东亮,胡涛,陈童,等.考虑多维修台异步多重休假的温贮备冗余系统可靠性模型[J].控制与决策,2020,35(4):973-984.

[86] Tian N S, Zhang Z G. Vacation queueing models theory and applications[M]. New York:Springer, 2006.

彩　　图

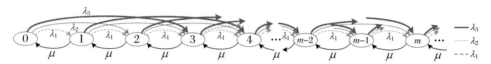

图 3.7　成批到达的 $M^X/M/1$ 排队系统的状态转移图

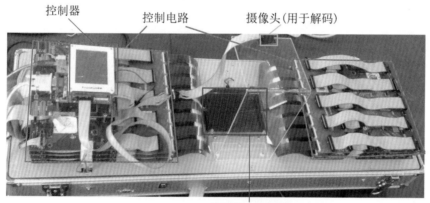

图 4.2　三值光学计算机 SD16 实物图

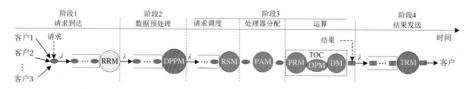

图 5.3　TOC 任务排队模型

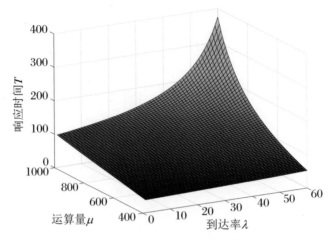

图 5.5 系统响应时间 T 随 λ 和 μ 变化情况

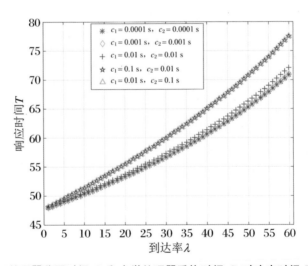

图 5.10 处理器分配时间 C_1 和光学处理器重构时间 C_2 对响应时间 T 的影响

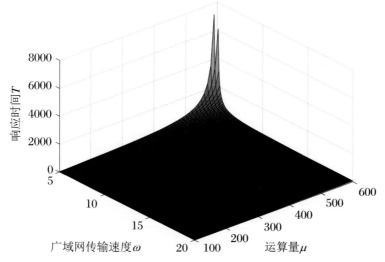

图 5.11　给定 $\lambda = 30$，系统响应时间 T 随广域网传输速率 ω 和运算量 μ 变化情况

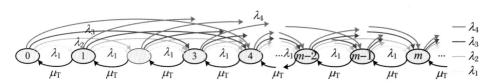

图 6.9　任务结束时调度策略下发送模型的状态转移示意图

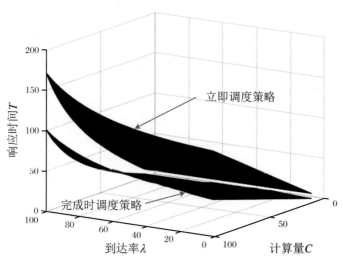

图 6.12　两种不同策略下运算量和到达率对响应时间的影响

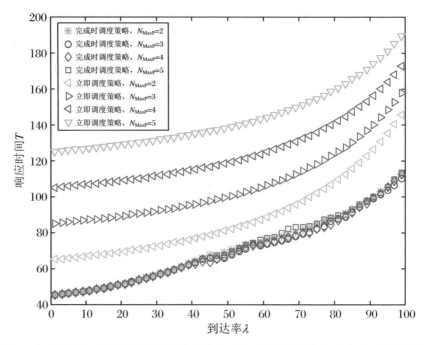

图 6.13　两种不同调度策略下光学处理器并行处理任务数最大值对响应时间的影响

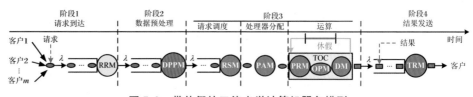

图 7.2　带休假的三值光学计算机服务模型

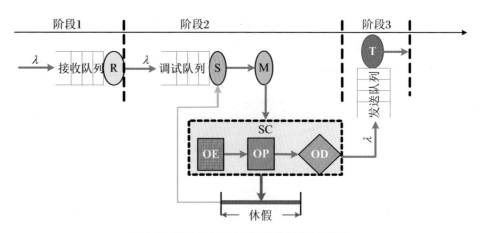

图 8.2　带休假的三阶段三值光学服务模型